MiCROSCOPi

48

MiCROSCOPi

Collana diretta da Massimo Temporelli

Che cosa fa la scienza? Che limiti ha la tecnologia? Come stanno cambiando la società e il nostro mondo?... La collana *Microscopi* prova a rispondere a queste e altre domande in modo brillante e non accademico.

Un taglio agile e disincantato, un linguaggio alla portata di tutti, autori giovani e vicini al mondo della ricerca: ecco i tratti salienti di una collana per informarsi in modo veloce ed efficace sui principali argomenti della scienza e della tecnologia. Quelli che stanno sempre di più cambiando la nostra vita.

I titoli della collana *Microscopi* si articolano in diversi filoni legati ai temi della divulgazione scientifica, delle frontiere tecnologiche e delle sue applicazioni, delle biografie di scienziati, inventori e movimenti, delle idee e delle scoperte che hanno segnato la storia dell'umanità.

Alfonso Lucifredi

L'eredità di Mendel

All'origine della genetica

EDITORE ULRICO HOEPLI MILANO

via Hoepli 5, 20121 Milano (Italy)
tel. +39 02 864871 – fax +39 02 8052886
e-mail hoepli@hoepli.it

www.hoepli.it

ISBN 978-88-203-8627-6

Ristampa:

4 3 2 1 2024

Progetto editoriale e realizzazione: Maurizio Vedovati – Servizi editoriali (info@iltrio.it)
Copertina: Sara Taglialegne

Stampato da Decibel Group S.r.l. Lainate (MI)

Printed in Italy

SOMMARIO

Introduzione

IL PICCOLO MONACO CHE DIVENNE UN GRANDE SCIENZIATO

Non c'è un altro esempio conosciuto di una scienza che fiorì, completamente formata, dal cervello di un singolo uomo.

Gavin de Beer

Esploratori, avventurieri, topi di laboratorio, nobiluomini, semplici curiosi... non esiste un modello caratteriale che possa essere identificato come lo "scienziato-tipo": ce ne sono stati di introversi e pacati come Darwin e di eccentrici ed esuberanti come Feynman; ci sono biografie avventurose di personaggi che hanno girato il mondo come Alfred Russel Wallace e altri che non si sono mai mossi, o quasi, dalla propria terra natia come Linneo; c'è chi ha ottenuto un enorme successo e insieme potere politico come Newton e altri che sono stati ostracizzati e condannati per le loro idee troppo avanti rispetto ai tempi come Galileo.

Esiste, però, una biografia che è ancora più particolare e che non ha eguali in tutta la storia della scienza. È la vita di quello che oggi viene considerato il padre di una nuova, recentissima disciplina, nata solo nei primi anni del XX secolo: la genetica.

Oggi la genetica è, tra le scienze della vita, quella sicuramente più all'avanguardia. Grazie ai moderni sviluppi di questa disciplina, abbiamo capito nel dettaglio i meccanismi che causano la trasmissione ereditaria, siamo stati in grado di sequenziare l'intero genoma di vari organismi (compreso l'uomo) e da alcuni anni siamo persino capaci di apportare modifiche al DNA con una facilità disarmante, grazie a nuove tecniche di *editing* genomico come la recente CRISPR/Cas9.

Ma, all'origine di tutto questo, non c'è uno scienziato il cui nome abbia fatto capolino nelle prime pagine dei giornali della sua epoca o che abbia presentato le sue scoperte in giro per il mondo. Eh sì, perché il padre della moderna genetica, il monaco agostiniano Gregor Mendel, ha trascorso buona parte della sua esistenza all'interno delle mura di una pacifica abbazia dell'attuale Repubblica Ceca, senza che il suo nome riecheggiasse nei più importanti salotti scientifici del suo tempo.

Questo perché nessuno è stato in grado di cogliere l'importanza delle sue ricerche quando era ancora in vita. La riscoperta avvenne oltre quindici anni dopo la sua morte a opera di tre scienziati provenienti da tre nazioni diverse, indipendentemente l'uno dall'altro e quasi in contemporanea: questo è un evento assolutamente unico nella storia della scienza.

Solo quindici anni dopo la sua morte, e oltre trenta dopo la presentazione delle sue ricerche, le tecniche di studio sull'ereditarietà erano sufficientemente evolute per riprodurre i suoi esperimenti e ottenere gli stessi risultati. Questo dimostra quanto Mendel fosse un precursore, a quei tempi, sia per il metodo che decise di utilizzare sia per la capacità di interpretare nel modo corretto i risultati dei suoi studi.

Insomma, da sconosciuto monaco agostiniano appassionato di orticoltura e ibridazione a eroe, padre putativo di una nuova scienza. O almeno, questa è la sua storia per come viene solitamente raccontata. Ma, in realtà, ci sono molte più sfumature di quanto verrebbe da pensare, nelle vicende del monaco di Heinzendorf.

Quando ho deciso di affrontare la realizzazione di una biografia su Mendel, mi sono reso conto di quanto fosse difficile ottenere informazioni di prima mano sulla sua vita: pochissimi suoi scritti originali sono giunti ai giorni nostri e quasi tutte le informazioni biografiche si rifanno più o meno agli stessi quattro o cinque autori. In Italia, poi, le opere dedicate al padre della genetica sono ancora più rare e quasi tutte basate su rielaborazioni di quelle stesse biografie ufficiali.

Figura 0.1 – La statua di Gregor Mendel nell'abbazia di Brno, in Repubblica Ceca. Questa opera d'arte venne realizzata nel 1910 grazie a una raccolta fondi organizzata dai primi genetisti.

Ma, come ben sa chiunque si possa definire curioso, a scavare un po' più in profondità c'è sempre la possibilità di trovare qualcosa di interessante. E così ho deciso di provare a dare nuova linfa a una storia affascinante e che merita di essere conosciuta un po' meglio di come ci è stata sempre raccontata. Ho intervistato storici della scienza, giornalisti e professori che hanno studiato le vicende del monaco scienziato. Nondimeno, ho fatto un viaggetto nei luoghi di Mendel in Moravia, per vedere da vicino i posti che, in qualche modo, hanno segnato la nascita di una nuova scienza.

Il risultato è stato inaspettato, perché ha svelato come non si possa mai dare nulla per scontato, anche quando si è convinti di conoscere una storia nel dettaglio. Da una biografia che appare semplice, lineare, priva di particolari colpi di scena sono invece emersi molti aspetti interessanti: intorno a Mendel, alle sue scoperte e alla nascita della genetica ci furono avvenimenti di ogni tipo come diatribe personali, ripicche ed egoismo tra scienziati, l'avversione di alcune autorità religiose, le forzature di qualche politico. Non scarseggiarono certo i detrattori (se il soggetto in questione è famoso non mancano mai), peraltro contrapposti a tanti supporter sfegatati – e a volte poco obiettivi – del monaco agostiniano.

Il risultato è una storia sorprendente, originale, che merita di essere raccontata. Perché il genio si può esprimere nelle forme più inaspettate e, nel nostro caso, si è presentato nelle insolite vesti di un pacifico religioso appassionato di orticoltura.

Parte prima

FORMAZIONE

Gregor Mendel fu un perfetto frutto del suo tempo e della sua terra. Fu un uomo pratico, concreto, innamorato della conoscenza. Una gioventù dolorosa, segnata dalle malattie, dalla povertà e dalla difficoltà nel portare avanti gli studi non fermò il futuro padre della genetica, che dimostrò in tutti quegli anni grande tenacia e dedizione.

Con l'ingresso nell'ordine degli agostiniani e nel monastero di Brünn trovò finalmente quell'equilibrio che aveva cercato in tutti i primi, difficili anni della sua vita. E l'ambiente ideale per portare avanti quelle ricerche che lo avrebbero consegnato alla storia.

Capitolo I

GIOVENTÙ

Vivere senza mai provare vergogna o arrossire di ammirazione sarebbe sicuramente una vita infelice.

Johann Gregor Mendel

Johann Mendel nacque il 22 luglio 1822 a Heinzendorf bei Odrau, nella Slesia austriaca, che ai tempi faceva parte dell'Impero austro-ungarico.

In quegli anni, l'Impero racchiudeva in sé un grande numero di popolazioni con lingue, religioni e culture diverse. Nel paese natale di Mendel si parlava tedesco, ma a distanza di poche decine di chilometri si potevano già incontrare gruppi di lingua ceca, slovacca o magiara. In quelle terre si praticava la religione cattolica.

Erano aree abitate da popoli legati alla tradizione agricola, poveri, fortemente dipendenti dal lavoro nei campi, dai frutti della terra e dalla variabilità delle stagioni. La costante ricerca di varietà di alberi da frutto e di piante coltivabili robuste e produttive era un elemento portante della cultura locale.

Erano presenti ancora lontane eco dell'antica servitù della gleba: persino un proprietario terriero come Anton Mendel, padre di Johann, era soggetto al *robota*, una sorta di lavori forzati istituzionalizzati, che lo costringevano a lavorare nei terreni della latifondista locale per tre giorni alla settimana, in modo da essere autorizzato a occuparsi dei propri campi nei restanti quattro giorni. La parola "robot", non a caso, deriva dall'opera dell'autore ceco Karel Čapek, che utilizzò questo termine nella sua pièce teatrale *I robot universali di Rossum*, ispirandosi chiaramente alla dura vita di questi contadini.

La latifondista che controllava la vita di Heinzendorf, però, non era totalmente legata al passato: Maria Walburga Gräfin von Sternberg-Manderscheid, questo il suo altisonante nome, aveva cercato di favorire l'istruzione di tutti gli abitanti che vivevano sotto la sua giurisdizione, creando scuole e istituti dedicati alla formazione dei più poveri.

Purtroppo, però, con l'ondata restauratrice che aveva cercato di riportare all'ordine precostituito l'Europa post Rivoluzione francese, la scuola che aveva creato per i figli dei contadini venne chiusa nel 1814, prima della nascita di Johann. Ma il direttore dell'istituzione, padre Johann Schreiber, continuò a dedicarsi all'educazione delle famiglie locali nell'unica scuola privata nella zona di Heinzendorf, nei dintorni del borgo di Kunin.

Il suo metodo d'insegnamento lasciava ampio spazio alla sperimentazione scientifica e questo aspetto, pur rendendolo un vero precursore dei tempi, negli anni gli procurò varie persecuzioni da parte delle autorità. Schreiber divenne una figura fondamentale nei primi anni di vita di Johann Mendel.

Il parroco era un appassionato orticoltore e uno dei fondatori dell'Associazione pomologica di Brünn. Da questo gruppo sarebbe nata la Società delle Scienze naturali in cui lo stesso Mendel avrebbe presentato le sue scoperte, decenni dopo. Padre Schreiber battezzò il piccolo Johann e fu uno dei principali artefici della sua istruzione infantile. Nella scuola di Heinzendorf fece mantenere un piccolo giardino dove si insegnavano i primi rudimenti di giardinaggio ai bambini. Questo fu sicuramente uno dei luoghi dove Mendel iniziò ad apprendere le basi della botanica e della coltivazione delle piante da frutto.

Nella Moravia di inizio XIX secolo l'allevamento e la selezione razionale degli ovini da lana erano già estremamente avanzati e le conoscenze sulla loro selezione e sugli incroci erano studiate approfonditamente da tempo; sicuramente si trattava dell'ambiente ideale per dare al futuro scienziato una solida conoscenza di base sugli argomenti che avrebbe studiato in età adulta.

Oggi il piccolo borgo che diede i natali al padre della genetica prende il nome di Hynčice e appartiene al comune di Vražné, nella regione della Moravia-Slesia dell'attuale Repubblica Ceca. Il piccolo centro abitato viene visitato da curiosi e appassionati, ma per il resto Hynčice rimane un semplice agglomerato di poche abitazioni rurali che ospitano poco più di duecento anime.

Figura 1.1 – Un piccolo bassorilievo realizzato nel 1922 per celebrare il centenario della nascita di Mendel.

La casa natale di Johann, un gruppo di massicce costruzioni disposte a quadrilatero che circoscrive un ampio cortile, è stata designata come parte del patrimonio culturale della Cecoslovacchia nel 1966. Nel 2007 è stata completamente ristrutturata con fondi europei e oggi ospita un piccolo museo e alcune sale che vengono utilizzate per convegni e mostre temporanee. Ma la ristrutturazione completa dell'edificio forse non rende giustizia alla realtà dei fatti e alle origini del padre della genetica: Mendel nacque in una famiglia povera e la sua casa natale rispecchiava in pieno questa condizione, trattandosi di un edificio rurale molto semplice, funzionale e decisamente privo di fronzoli.

Johann Mendel era figlio di Rosine Schwirtlich, figlia di un piccolo proprietario terriero, e di Anton Mendel, un contadino. Il padre era, tra l'altro, dedito alla coltivazione e selezione di nuove forme di alberi da frutto e questo si suppone sia stato uno dei primi fattori che spinsero in seguito il ragazzo a interessarsi di orticoltura e di ibridazioni.

Johann era il secondogenito della coppia. A lui e alla sorella maggiore Veronika si sarebbe aggiunta, cinque anni dopo, la più piccola della famiglia, Theresia. Questi furono i tre figli che arrivarono all'età adulta. Ma, in tempi di alta mortalità infantile, anche i Mendel dovettero affrontare due tragici lutti: una sorellina, chiamata Rosine, nacque nel 1825 e morì tre anni dopo, mentre l'ultima arrivata, chiamata anch'essa Rosine in onore della madre e della sorella scomparsa, ebbe una sorte ancora più tragica dato che morì un mese dopo la sua nascita, nel 1831. Johann aveva soltanto sei e nove anni quando questi lutti colpirono la sua famiglia e non si può escludere che lo segnarono profondamente nel carattere.

La nascita di un maschio, in ogni caso, era una benedizione per la famiglia: una volta cresciuto, avrebbe potuto aiutare suo padre nel duro lavoro dei campi. Ma la salute piuttosto cagionevole del ragazzo non aiutò questo progetto. In particolare quando il padre, nel corso dell'inverno del 1838-39, rimase gravemente ferito a causa della caduta di un albero, l'adolescente Johann non fu di grande aiuto. Rimase a letto per mesi a causa di un misterioso malessere. Papà Anton, ancora dolorante, dovette ritornare al lavoro nei campi dopo breve tempo, perché non aveva altra scelta.

Johann rimase malato per circa quattro mesi, durante i quali non poté frequentare il ginnasio a Troppau (oggi Opava) dove era iscritto. Il ragazzo, su consiglio di padre Schreiber, aveva prima frequentato la Piarist Scholl di Lipník, per poi andare alla Grammar Scholl di Opava, dove comunque, nonostante i problemi di salute, ottenne costantemente i voti migliori.

Sì, i suoi allori non svaniranno mai,
Anche se il tempo deve succhiare dal suo vortice
Intere generazioni nell'abisso
Sebbene nient'altro che frammenti coperti di muschio
Resteranno dell'epoca
In cui apparve il genio.
Possa la forza del destino concedermi
L'estasi suprema della gioia terrena,
L'obiettivo più alto dell'estasi terrena,
Quello del vedere, quando mi elevo dalla tomba,
La mia arte prosperare pacificamente
Tra quelli che verranno dopo di me.

Questa poesia, dedicata al padre della stampa Johannes Gutenberg, venne composta dall'adolescente Mendel. Era soltanto la celebrazione di un genio o rifletteva un'ambizione personale, il desiderio di successo e realizzazione in campo scientifico?

Gli insegnanti avevano notato che Johann era un ragazzo particolarmente intelligente e dotato e gli avevano suggerito di frequentare scuole di livello superiore, che però si trovavano sempre più lontane da casa.

Sia la sua malattia sia il fatto che Johann non avesse alcun interesse a seguire le orme del padre nella gestione della fattoria furono i motivi che allontanarono progressivamente il ragazzo dalla sua famiglia. Papà Anton era preoccupato per le sorti della fattoria, data la scarsa predisposizione del suo unico figlio maschio al lavoro nei campi. Inoltre i genitori, a causa di un paio di magri raccolti, non poterono più contribuire alle spese per i suoi studi e questa situazione causò a Johann non pochi problemi economici in quel periodo. I genitori gli mandavano pane e altri cibi dalla fattoria ogni volta che potevano, ma si trattava di aiuti troppo piccoli per permettergli di sopravvivere dignitosamente.

Nonostante i tanti problemi, Johann era un ragazzo motivato e brillante nello studio. Riuscì a ottenere il diploma e si iscrisse all'Istituto di

Filosofia a Olomouc, dove avrebbe frequentato un corso di due anni, obbligatorio per poi poter accedere all'università.

Qui la situazione divenne ancora più difficile per il giovane, che era costantemente affamato e senza soldi. A causa della barriera linguistica (Johann era di lingua tedesca in una città a maggioranza ceca), non riuscì a trovare abbastanza studenti a cui dare ripetizioni, l'attività che più di ogni altra lo aiutava a tirare avanti. Olomouc, tra l'altro, era ancora più distante dalla sua fattoria natia. Progressivamente, le sue mete lo allontanarono sempre di più – non solo fisicamente – dalle sue terre di origine: prima una scuola a pochi metri da casa a Heinzendorf da cui, si racconta, il piccolo Johann poteva vedere dalla finestra suo padre mentre lavorava nei campi, poi la scuola a Lipník, il ginnasio a Troppau e infine l'istituto a Olomouc. I chilometri da casa aumentavano e allo stesso modo cresceva la distanza psicologica tra il giovane Johann e i suoi genitori.

"La sua triste gioventù gli insegnò presto gli aspetti più importanti della vita e gli insegnò anche a lavorare" scrisse Mendel molti anni dopo, parlando di sé alla terza persona.

Nel 1841, a diciannove anni, Johann si ammalò di nuovo e rimase bloccato a letto per un intero anno. Suo padre Anton era ancora in cattive condizioni di salute e faticava a mandare avanti il lavoro della tenuta. La situazione si risolse quando il marito di Veronika, Alois Sturm, decise di prendere le redini della fattoria, liberando Anton da un fardello che non era più in grado di sostenere e Johann dai sensi di colpa per non essere stato in grado di aiutare suo padre.

Ma l'aiuto più grande per mantenere Johann, mentre cercava faticosamente di completare la sua formazione, arrivò da Theresia, la sua sorellina. Appena adolescente, la più giovane dei Mendel offrì a Johann la sua quota della proprietà di famiglia, che era originariamente destinata alla sua dote, per aiutarlo a terminare gli studi a Olomouc. L'immensa gratitudine di Johann verso Theresia si sarebbe trasformata, negli anni a venire, in un bel rapporto di affetto verso i tre figli di lei, di cui due sarebbero diventati dottori grazie anche all'aiuto dello zio. Non appena ebbe modo di sdebitarsi, infatti, Mendel sostenne buona parte delle spese per gli studi dei nipoti, che gli furono sempre molto affezionati e non di rado andarono a trovarlo all'abbazia di Brünn.

Ma, per quanto fondamentale, il prestito di Theresia non sarebbe stato sufficiente per permettere a Johann di garantirsi un futuro sereno. Alla somma versata dalla sorella si aggiunsero una piccola borsa di studio e alcune ripetizioni, ma Johann sapeva bene di dover compiere una scelta radicale. In quegli anni, infatti, la strada da percorrere per chiunque volesse avere un'istruzione superiore ma non disponeva di adeguati mezzi economici era una sola: la carriera religiosa.

Fu Friedrich Franz, suo insegnante di fisica e anch'egli religioso, il primo a suggerire a Johann di seguire quella via, l'unica che gli avrebbe garantito un futuro sicuro. I due, negli anni di Olomouc, divennero buoni amici. Discutevano di astronomia, di filosofia, di scienza. Si confrontavano su idee diverse, sugli argomenti più disparati.

Il corso di fisica tenuto da Franz fu fondamentale nella formazione del giovane scienziato: un approccio matematico allo studio del mondo – e in particolare alle ricerche sulle piante – avrebbe segnato il suo modo di osservare e capire i meccanismi che regolano la natura.

Franz era un maestro brillante, all'avanguardia, appassionato. Era stato, di fatto, il primo insegnante di fotografia (ai tempi, dagherrotipia) di tutta la Moravia e presumibilmente l'autore di *Corpus Christi*, la prima fotografia di reportage mai scattata in quelle terre, nel 1841. In Mendel trovò uno studente brillante, dotato di grande intelligenza e dedizione ma anche in grave difficoltà economica. Il maestro aveva intuito la grande sete di conoscenza dell'allievo, che era motivato ma ancora non del tutto pronto ad affrontare le difficoltà pratiche della vita. Così segnalò il suo nome all'abbazia di Brünn e, allo stesso modo, invitò il ragazzo a seguire la carriera religiosa, che gli avrebbe finalmente donato la serenità che ancora sembrava sfuggirgli. E così, grazie alla buona parola di un maestro, per Mendel si aprirono le porte del monastero agostiniano. E di una vita dedicata alla scienza.

Capitolo 2

JOHANN DIVENTA GREGOR

Vuoi essere un grande? Comincia con l'essere piccolo. Vuoi erigere un edificio che arrivi fino al cielo? Costruisci prima le fondamenta dell'umiltà.

Sant'Agostino

Lo splendido municipio vecchio è inconfondibile, grazie all'imponente torre di 63 metri, eretta nel 1240 quando Brno ricevette i diritti civici, e al maestoso portale tardogotico, realizzato dall'architetto Anton Pilgrim nel 1511. Ma, a parte il pregio artistico, ciò che rende obbligatoria una visita all'antica *town hall* della capitale della Moravia è *Brněnský drak*, il Drago di Brno.

La leggenda narra che questa temibile creatura divorasse gli animali e facesse scappare i commercianti che visitavano la città. Nemmeno la ricca ricompensa offerta dai governanti sembrava attirare alcun valoroso cavaliere disposto ad affrontare il mostro.

Poi, un giorno, si presentò il garzone del macellaio. Il ragazzo riempì la pelle di un bue con calce viva, per usarla come esca per il drago. Ricucita la pelle, il garzone la lasciò in mezzo all'erba. In breve il drago arrivò e divorò l'esca. Poi, spinto dalla sete, andò al fiume a bere. Ma come ben sapeva il ragazzo, la calce viva scoppia a contatto con l'acqua e così il drago, dopo aver bevuto, cominciò a gonfiarsi sempre più, fino a esplodere in mille pezzi.

Come spesso accade, la realtà è molto più deludente e banale della fantasia: l'animale, che è stato appeso con i piedi a penzoloni in una posa piuttosto goffa, altro non è che una femmina di coccodrillo, donata nel 1608 da una delegazione turca al sovrano del tempo, Rodolfo II.

Oggi, Brno è la classica città mitteleuropea dalla lunga storia, elegante, ricca di cultura e dal fascino antico. Come accade spesso nelle città del vecchio continente, le principali attrazioni turistiche sono costituite dai luoghi religiosi, come la maestosa cattedrale gotica dedicata ai Santi Pietro e Paolo, la chiesa quattrocentesca di San Giacomo Maggiore e l'abbazia di San Tommaso, di cui approfondiremo la conoscenza tra poco.

Certo, la seconda città della Repubblica Ceca è tutt'altro che scevra di modernità. È costruita alla confluenza dei fiumi Svratka e Svitava ed è un crocevia di autostrade e linee ferroviarie che la rendono il centro commerciale e tecnologico della Moravia. Nel 2013 a Brno è stata completata l'AZ Tower, l'edificio più alto del Paese. Qui si trova anche Villa Tugendhat, progettata dall'architetto tedesco Ludwig Mies van der Rohe negli anni 1928-1930, conosciuta come un monumento di architettura funzionalista e nominata Patrimonio dell'Umanità dall'UNESCO nel 2002. Ogni anno, inoltre, qui si svolge un importante gran premio motociclistico, che però viene disputato in un circuito nell'estrema periferia e coinvolge la città solo per pochi giorni all'anno.

Per il resto, salvo pochi altri sprazzi di modernità sparsi qua e là, Brno appare come un luogo strettamente legato al suo passato millenario. La sua è una storia fatta di tanti, radicali cambiamenti: guerre, passaggi di mano tra monarchie e il comunismo del secondo dopoguerra, sopravvissuto fino alla "rivoluzione di velluto" del 1989.

È qui, o meglio nel vicinissimo borgo di Slavkov, che Napoleone ottenne la sua più grande vittoria nella battaglia di Austerlitz, il 2 dicembre 1805, quando sconfisse le truppe austro-russe guidate dal generale Kutuzov. Ancora oggi si ricorda l'evento con un memoriale eretto sul luogo dello scontro, oltre che con alcuni gadget piuttosto *kitsch* dedicati al condottiero corso, che si possono trovare nei negozi di souvenir del centro città.

Figura 2.1 – Il "drago" di Brno, conservato nell'antico municipio della città.

Sempre qui, nella fortezza dello Spielberg, i patrioti italiani Silvio Pellico e Piero Maroncelli vennero imprigionati. In ricordo della loro reclusione, i due composero i classici risorgimentali *Le mie prigioni* e *Addizioni*, che con ogni probabilità i lettori italiani avranno studiato a scuola. Oggi lo Spielberg non è più una tetra roccaforte, ma un curatissimo centro dedicato a eventi culturali, con un belvedere che domina sulla città, circondato da un ampio parco.

La Brno del XIX secolo, ai tempi Brünn, era una città all'avanguardia sia dal punto di vista tecnologico sia da quello commerciale. Il paradosso è che l'impulso iniziale che portò tutte queste innovazioni fu la guerra. L'imperatrice Maria Teresa d'Austria, infatti, dovette affrontare una lunga guerra di successione in seguito alla sua ascesa al trono del 1740. Ogni guerra necessita armi, mezzi di trasporto e molti, molti soldi. L'aspetto, solo apparentemente secondario, che rese Brünn così importante dal punto di vista commerciale furono le divise militari: la città divenne ben presto il cuore della produzione tessile dell'Impero asburgico. Specialisti belgi arrivarono dalla piccola città di Vevriers per fornire indicazioni su come organizzare la prima fabbrica tessile di proprietà dello stato. Con gli anni, giunsero altri esperti da varie parti dell'Impero per gestire la fabbrica e poi, mettendosi in proprio, crearono altre attività, dedicate alla creazione dei prodotti più disparati, compreso il raso e i fez per i turchi. I prodotti di Brünn furono esportati in ogni angolo dell'Impero. L'economia della città fiorì e con essa la tecnologia: nelle prime decadi del XIX secolo venne costruito il suo primo motore a vapore e altri vennero importati dall'Inghilterra.

Con lo sviluppo dell'industrializzazione, la società si evolvette di conseguenza. Molti degli imprenditori che avevano fondato e sviluppato fabbriche e aziende erano anche dei patrioti moravi che cercavano di ricalcare lo spirito dell'Inghilterra industrializzata e liberale di quegli anni. Una nuova società, che faceva del commercio e del progresso il suo cavallo di battaglia, rendeva Brünn una città aperta all'avanzamento tecnologico e alla ricerca scientifica.

Quasi quattrocentomila abitanti e quasi mille anni di storia non sono certo pochi, eppure ancora oggi la città di Brno sembra voler celebrare l'abate-scienziato come suo cittadino più importante di sempre. A *Staré Brno*, il cuore della città, nel giro di pochi metri si incontrano una piazza, un ginnasio e un museo dedicati a Mendel. Quest'ultimo è all'interno della vecchia abbazia e quindi, almeno in questo caso, possiamo dare per scontato un tributo all'inquilino più famoso della struttura religiosa.

In giro per la città ci sono poi la Mendel University e, in pieno centro, il Mendelianum, un piccolo museo multimediale dedicato alla storia della genetica dove, subito dopo l'ingresso, ci si imbatte in un modello iperrealistico e in dimensione reale dell'abate, seduto al tavolo davanti al suo celebre saggio sull'ibridazione delle piante. Un tributo probabilmente dovuto ma quantomeno bizzarro, va detto.

Ma torniamo indietro nel tempo, all'arrivo di Mendel in quella che ai tempi veniva ancora chiamata Brünn (il nome in ceco divenne ufficiale solo dopo la caduta dell'Impero, nel 1918).

Come abbiamo visto, per poter proseguire gli studi scientifici Mendel si rifugiò, su indicazione del suo insegnante di fisica Friedrich Franz, nel convento della città vecchia, retto dagli agostiniani.

In passato, i monaci avevano avuto miglior fortuna. Il loro monastero originario era stato consacrato nel 1356 alla presenza dell'imperatore Carlo IV di Lussemburgo ed era stato dedicato a San Tommaso. Si trattava di una struttura imponente, costruita in stile gotico e rimaneggiata in forme barocche dopo i gravi danni causati dagli svedesi durante la Guerra dei trent'anni.

Nel 1650 vi si era anche insediata una prestigiosa scuola di musica. Ma l'edificio, agli occhi di molti potenti, era troppo bello per essere lasciato nelle mani dei religiosi. Così, nel 1782 l'imperatore Giuseppe II decise che i monaci potevano rifugiarsi in una struttura più umile, abolì il monastero e convertì i loro alloggi in uffici governativi, mentre la chiesa abbaziale divenne una semplice parrocchia.

L'anno seguente, i monaci sfrattati si trasferirono poco più a ovest, nell'antico monastero cistercense di *Staré Brno* (che in ceco significa "Brno vecchia").

La struttura non era paragonabile al monastero di origine in quanto a bellezza e maestosità, ma era comunque ampia, con un vasto giardino esposto a sud e una bellissima chiesa dedicata all'Assunta.

Adiacente all'ampio giardino dell'abbazia fu eretto, nel 1855-56, un grande birrificio. La struttura è tuttora attiva ed è un'attrazione per i turisti, grazie alla birreria e al ristorante annessi.

In prossimità della fabbrica della birra si trovava un piccolo casotto nell'angolo nord-ovest del giardino. Questa era un'aranciera, uno spazio protetto in cui conservare le piante di agrumi durante l'inverno, ma aveva tante altre funzioni: era il luogo in cui venivano intrattenuti gli ospiti occasionali dei monaci, oltre che una zona di relax, arredata con un tavolo pieghevole e qualche sedia, una stufa, una scacchiera. Purtroppo venne progressivamente abbandonata e nel 1972 si incendiò. I resti vennero demoliti e ora non ne rimane più traccia.

Gli alloggi dei monaci costituivano la struttura principale del complesso, che si ergeva a nord-est del giardino. Oggi parte del piano terra dell'antico monastero è stata riconvertita in un museo. A questo si accede tramite un locale, il Mendel bar, situato di fronte a un piccolo, elegante orto di pochi metri quadrati, circondato da una bassa staccionata. Alla base del monastero, in passato, c'erano anche un ampio refettorio e le cucine. Tutta la struttura era estremamente funzionale e tradiva la dedizione per il lavoro e lo studio da parte dei suoi occupanti.

Il 9 ottobre 1843 Johann Mendel fu ammesso alla comunità religiosa come novizio, assumendo il nome di Gregor.

La buona parola che lo aveva aiutato nell'ammissione era arrivata da parte di quello che era più un amico che un professore. Ma nella scelta del giovane Mendel tra tanti candidati ci fu anche la mano dell'abate Cyril František Napp, che chiese proprio a Friedrich Franz di tenere d'occhio i giovani più promettenti in campo scientifico e di segnalarglieli. E quell'anno, Franz indicò un unico nome, evidentemente quello a lui più caro.

Il professore di fisica si spese in parole di elogio per il giovane Johann. Tra le altre cose, nella sua raccomandazione scrisse che "nei due anni di corso di filosofia ottenne quasi invariabilmente i migliori risultati" e che "era un giovane dal carattere molto solido, nella mia materia tra i migliori".

Franz inoltre sottolineò come Mendel fosse pronto a perfezionare il suo ceco, in modo da poter comunicare agevolmente nella lingua predominante nella città e, soprattutto, nel monastero.

L'abbazia era un luogo di grandissimo fermento culturale. L'abate Napp era un membro stimato delle principali società scientifiche locali, aveva interessi che spaziavano dalla ricerca scientifica alle lingue orientali e, nondimeno, tutelava e proteggeva i suoi confratelli, anche quando tenevano comportamenti non particolarmente ortodossi.

Non era, però, l'unica mente eccelsa a far parte del monastero di quegli anni: padre František Matouš Klácel, per esempio, che si definiva un libero pensatore, era a capo del Congresso Slavo di Praga, un'associazione in cui si discuteva dei diritti e delle aspirazioni del popolo ceco. In un suo sermone, a dimostrare la sua indole progressista, aveva invocato l'abolizione del *robota* e l'introduzione di riforme politiche e sociali da parte dell'Impero.

Padre Tomáš Bratránek, filosofo e allievo di Goethe, era invece destinato a un'importante carriera accademica.

C'era poi il genio musicale di Pavel Křižkovský, futuro compositore di successo, che scrisse una delle canzoni di protesta delle marce che avvennero a Brünn nel 1848.

Quelle manifestazioni seguivano lo spirito dei movimenti di contestazione che fiorivano un po' ovunque in Europa. Buona parte dell'élite culturale di Brünn non si era tirata indietro, ma le proteste vennero represse con brutalità dalle guardie austriache. A capo di quelle manifestazioni c'era Franz Diebl, che fu, tra l'altro, il professore di scienze agricole di Mendel. Lo stesso Mendel, in quell'anno così importante per le sorti del vecchio continente, firmò una petizione per chiedere al governo centrale più libertà individuali per i cittadini e l'abolizione del lavoro feudale.

Insomma, il futuro padre della genetica difficilmente avrebbe potuto trovare luogo più adatto a incoraggiare il suo desiderio di conoscenza e il suo amore per il progresso, fosse questo tecnologico o sociale.

Come ha scritto il giornalista scientifico Edward Edelson, "oggi molte persone sono convinte che una persona che diventa monaco ed entra in un monastero si stia tagliando fuori dal mondo. Ma l'esperienza di Mendel fu decisamente diversa".

Mendel iniziò il suo noviziato nel più classico dei modi, affiancando studio e preghiera ad altre attività, tra cui quella di cappellano in un ospedale. Ma il ragazzo era estremamente empatico e sensibile e le visite ai malati lo segnavano profondamente, facendolo stare male sia fisicamente sia emotivamente.

L'abate capì da subito che il destino del giovane Johann/Gregor non era quello di accudire i malati e così lo inviò alla Scuola Superiore di Znojmo, dove ebbe inizio la sua carriera d'insegnante. Questa volta fu l'abate Napp a scrivere belle parole sul suo pupillo. Nella lettera di presentazione del giovane, l'abate sottolineò come Mendel fosse un appassionato studioso delle scienze naturali e, nondimeno, quanto poco fosse adatto al lavoro di parroco, data la sua estrema sensibilità, che gli causava turbamento quando andava in visita ai malati.

La scelta dell'abate fu ben gradita da Gregor, che trovò nell'insegnamento un'attività congeniale alla sua naturale predisposizione per lo studio e la conoscenza. Inoltre il salario proveniente da questa attività lo avrebbe aiutato non poco a risolvere la sua ancora difficile situazione economica.

Tra le materie di studio che doveva seguire per diventare sacerdote c'erano teologia, storia della chiesa, archeologia biblica e anche lingue antiche come greco ed ebraico. Il giovane religioso, però, frequentò anche lezioni dedicate a ben altri argomenti: si dedicò infatti allo studio delle scienze agricole. Il professore che teneva il corso, quel Franz Diebl cui abbiamo già accennato, era impegnato nelle ricerche sulle più moderne tecniche di allevamento e incrocio di specie animali e vegetali.

Diebl sosteneva la necessità di perfezionare le varietà di piante da coltivazione tramite incroci e un suo libro di test in cinque volumi, utilizzato nello stesso corso, descriveva le tecniche di impollinazione artificiale per creare degli ibridi. Un altro piccolo tassello venne così aggiunto alla formazione del giovane Mendel, che ottenne un certificato di competenza nel campo della pomicoltura e della viticoltura. Quest'ultima, tra l'altro, era una materia di grande interesse anche per l'abate Napp, che seguì sempre con grande attenzione le ricerche di Mendel sulla selezione dei vitigni migliori.

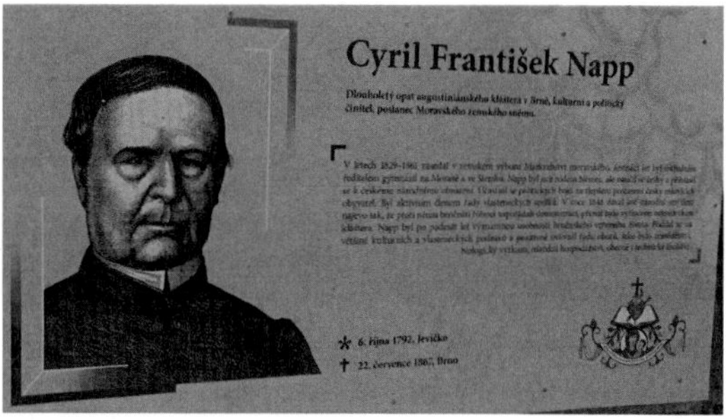

Figura 2.2 – Lungo il perimetro dell'abbazia di Brno sono disposti alcuni pannelli celebrativi sulle personalità di spicco che vissero tra le sue mura. Tra i più conosciuti c'è sicuramente Cyril Napp, abate e mentore del giovane Mendel.

Nel frattempo, la carriera religiosa del monaco Gregor procedeva spedita. Da novizio a suddiacono, da suddiacono a diacono, da diacono a prete: Gregor fu ordinato il 6 agosto 1847, quindici giorni dopo il suo venticinquesimo compleanno, che era l'età minima per diventare sacerdote, stando al regolamento ecclesiastico in vigore a quei tempi. Ma, sebbene non ci siano motivi per dubitare della sincera dedizione di Gregor, il suo rapido accesso al sacerdozio fu probabilmente dovuto al fatto che il monastero aveva bisogno di nuovi preti: solo in quell'anno tre giovani monaci erano morti, verosimilmente a causa di malattie infettive contratte nell'ospedale dove andavano a celebrare l'estrema unzione ai malati.

Molti anni dopo, uno dei suoi studenti dichiarò: "Tutti noi amavamo Mendel". Altri ricordarono con affetto la sua gentilezza, la sua voce chiara, marcata da un forte accento della Slesia, il suo modo di fare affabile e paziente, la sua costante disponibilità. Il ruolo di insegnante gli era sicuramente congeniale.

Nel piccolo Mendel Museum incluso nell'abbazia è possibile vedere una scatoletta di legno, contenente alcuni campioni botanici. "Questo è molto bello, dimostra quanto Mendel fosse bravo e appassionato, e quanto fosse nella sua natura fare l'insegnante" mi racconta la mia guida alla visita, la dottoressa Závodská. La scatolina contiene sezioni di rami, infiorescenze, un paio di pigne di *Pinus silvestris* e altri piccoli campioni adatti a spiegare le principali strutture vegetali agli studenti.

La sua passione per la matematica emergeva di continuo nelle sue lezioni: come scrisse il suo primo biografo Hugo Iltis, per scegliere chi interrogare, il monaco utilizzava un metodo tutto suo: "Ogni ragazzo aveva il suo numero… Mendel, sfogliando le pagine di un libro, sceglieva un numero, 12 per esempio. A quel punto diceva: '12 per due fa 24, più 12 fa 36. Interrogherò il numero 36'."

Mendel era un ottimo insegnante e ottenne un eccellente riscontro presso i superiori della scuola. Gli stessi dirigenti fecero richiesta affinché il giovane sacerdote venisse ammesso agli esami di stato per il titolo di professore di ruolo in storia naturale e fisica. Era il 1850 e padre Gregor aveva ventott'anni quando provò per la prima volta a diventare ufficialmente un insegnante. Ma le cose non andarono per il meglio.

Mendel doveva studiare per l'esame e nel frattempo insegnava venti ore alla settimana, aiutava i suoi studenti, preparava le lezioni. Arrivare pronto al momento della prova era un'impresa davvero ardua.

La prima parte dell'esame consisteva nello scrivere due saggi, uno di geologia sulla formazione delle rocce e uno di meteorologia sulle proprietà dell'aria e su come si originassero i venti. Il saggio di geologia non venne ritenuto particolarmente valido, mentre quello meteorologico, anche se non brillante, venne valutato come soddisfacente nel suo complesso.

Ma la parte difficile dell'esame era la seconda e Mendel, che già non aveva brillato nella prima, sentì il peso della responsabilità.

Era metà agosto e il monaco si presentava agli esami in piena estate a causa di una lettera mai arrivata che gli diceva di rimandare tutto all'autunno. Così tutti i presenti, esaminandi ed esaminato, si presentarono controvoglia alla prova.

Buona parte dei rappresentanti della commissione non vedeva l'ora di andare in vacanza. Erano tutti nervosi e già non avevano una buona opinione dell'esaminando, visti i mediocri scritti.

La prima parte del test era di fisica. La domanda era relativamente semplice: si chiedeva come si potesse creare un magnete a partire da una barra di acciaio. Gli insegnanti ritennero sufficiente lo scritto elaborato da Mendel, ma il vero disastro arrivò con l'esame di zoologia: Mendel doveva descrivere i mammiferi e i loro utilizzi da parte dell'uomo. Il giovane monaco non citò un solo nome scientifico, indicò raggruppamenti inesistenti come i "quadrumani" o i "plantigradi", non indicò con la corretta denominazione latina un singolo genere o specie. In certi casi utilizzò termini colloquiali in lingua tedesca per indicare determinati animali. La commissione, che pure vide in padre Gregor un giovane volenteroso e motivato, non poté non bocciare un candidato così impreparato.

Mendel non superò la prova di zoologia, ma la sua predisposizione per la fisica fu notata e nel 1851 Napp lo inviò all'Università di Vienna, nell'istituto diretto dallo scienziato Christian Doppler, a studiare questa disciplina, con la seguente motivazione:

> In considerazione del fatto che Padre Gregorio Mendel si è dimostrato non idoneo al compito di parroco, ma ha d'altra parte mostrato capacità intellettuali eccezionali e una notevole diligenza nello studio delle scienze naturali [...], sarebbe necessario e auspicabile che venisse mandato all'Università di Vienna dove gli verranno offerte molte opportunità per studiare.

E così, grazie alla benevolenza del suo abate, Mendel ebbe la possibilità di migliorare i suoi studi scientifici in una delle università più prestigiose di tutto l'Impero. A Vienna, Mendel studiò i principi di tutte le scienze naturali e rafforzò il suo attaccamento nei confronti del classico metodo scientifico della fisica, secondo cui i fenomeni naturali sono dimostrabili o riassumibili tramite leggi matematiche. L'influenza delle lezioni di Friedrich Franz, che ancora si faceva sentire, contribuì a donargli un grande talento nell'inquadrare ogni questione scientifica in termini quantitativi e rigorosamente matematici.

Nella capitale dell'Impero, Mendel trovò un ambiente di grandissimo fermento culturale. Venne in contatto con alcuni dei più importanti scienziati della sua epoca, tra i quali il suddetto Doppler, che lì insegnava fisica sperimentale. Oggi lo scienziato è ancora conosciuto per l'effetto acustico che da lui prende il nome e che consiste nell'udire un apparente cambiamento di acutezza di un suono generato da una sorgente in movimento rispetto all'ascoltatore (la classica sirena dell'ambulanza, che sembra emettere un suono più acuto se si avvicina, più grave se si allontana).

Il giovane monaco conobbe anche il biologo Franz Unger, esperto di fisiologia vegetale e di citologia (lo studio delle cellule) e il botanico Karl Wilhelm von Nägeli, con cui avrebbe intrattenuto una serie di importanti scambi epistolari che avrebbero profondamente segnato la sua carriera scientifica, come approfondiremo più avanti.

Tutti questi contatti ebbero un ruolo fondamentale nella sua formazione. Dagli studi di fisica, come abbiamo visto, imparò a sviluppare un grande talento nell'analisi matematica dei fenomeni naturali. Per merito di Unger migliorò invece la sua conoscenza degli studi sull'ibridazione.

Unger era stato profondamente influenzato dal botanico tedesco Matthias Jakob Schleiden, il coideatore della teoria cellulare insieme ai conterranei Theodor Schwann e Rudolf Virchow.

Schleiden aveva scritto che "ogni ipotesi e ogni argomentazione, nelle scienze botaniche, deve essere rifiutata se non ha come scopo la spiegazione di ogni processo avente luogo nella pianta come una funzione dei cambiamenti che avvengono nelle sue singole cellule".

In parole povere, per comprendere il funzionamento dei vegetali bisognava capire che cosa accadesse dentro alle loro cellule.

Unger scrisse inoltre che "una pianta è un laboratorio chimico artificiale, la più ingegnosa sistemazione per il lavoro delle forze fisiche".

Disse anche: "Chi può negare che le nuove combinazioni emergano da questi incroci di vegetali, sempre riducibili a determinate combinazioni che si emancipano dalle precedenti caratteristiche della specie e appaiono come una nuova specie". Lo scienziato era convinto che ci fosse una sorta di regolarità nella comparsa di nuove varietà vegetali e che, con i progressi della ricerca, si sarebbe arrivati a comprendere quali fossero le cause.

Unger pose così solide basi sulle quali Mendel avrebbe costruito la sua visione scientifica e, soprattutto, gli elementi pratici con cui impostare i suoi esperimenti.

Mendel poi venne a conoscenza di un libro scritto da un astronomo austriaco, Joseph Johann von Littrow, che sottolineava l'importanza della nuova teoria della probabilità secondo cui ogni fenomeno naturale, se osservato per un sufficiente numero di volte, poteva essere previsto per il futuro con un buon grado di approssimazione. Anche in questo caso, la matematica era alla base di ogni studio che cercasse di comprendere le leggi della natura.

Il campo di ricerca a cui Mendel era destinato poteva trarre grande giovamento da studi di tipo statistico: la Moravia in quel periodo era rinomata per la selezione degli alberi da frutta e lo stesso abate Napp era il presidente dell'Associazione pomologica. Napp si interessava ai problemi della selezione delle piante. Come ebbe modo di scrivere, la principale questione che si poneva era proprio di natura scientifica: "Il problema non sta tanto nei procedimenti di coltivazione o di allevamento, la questione da dirimere è: che cosa è ereditario e in che modo?"

Da circa un secolo in molte parti d'Europa imperversavano scienziati di diversa natura (in particolare botanici e agronomi), che incominciavano a effettuare esperimenti di vario genere, soprattutto ibridazioni tra specie vegetali, per trovare quali leggi regolassero la trasmissione dei caratteri ereditari.

Figura 2.3 – Una foto di gruppo dei monaci dell'abbazia di Brünn, scattata negli anni '60 del XIX secolo. Nella fila in alto, da sinistra a destra: Benedikt Vogler, Anselm Rambousek, Antonin Alt, František Tomáš Bratránek, Josef Lindenthal, Gregor Mendel, Václav Šembera. Fila in basso, da sinistra a destra: Pavel Křížkovský, Johann Baptist Vorthey, Cyril Napp, František Matouš Klácel. Come da sua abitudine per le fotografie di gruppo, Mendel tiene in mano un fiore di *Fuchsia*.

Nel 1759, in risposta a un concorso indetto dall'Accademia delle Scienze di San Pietroburgo, il grande Linneo presentò un suo lavoro in cui dimostrava di aver ibridato due varietà di diverso colore di *Tragopogon pratensis*, la pianticella comunemente nota col nome di "barba di becco", tramite l'impollinazione artificiale. Con questo risultato, lo scienziato svedese vinse il premio. Gli ibridi ottenuti erano nuove specie, secondo Linneo, e quindi di generazione in generazione avrebbero dovuto mantenere caratteristiche costanti. Ma quando mandò i suoi semi al botanico tedesco Joseph Gottlieb Kölreuter, anche lui dedito a esperimenti di incrocio tra specie vegetali diverse, notò come questi esemplari fossero tutt'altro che stabili e come presentassero una grande variabilità di caratteri di generazione in generazione.

Kölreuter fu il primo a tentare l'ibridazione tra specie diverse di piante non per ottenere migliori varietà coltivabili, ma per pura indagine scientifica: il suo interesse era cercare di capire, definire nel dettaglio il concetto di "specie" e, secondo la sua visione, tentativi di ibridazione tra specie differenti avrebbero potuto aiutarlo nell'impresa. Il botanico tedesco ibridò con successo due specie di tabacco, *Nicotiana rustica* e *Nicotiana paniculata*, ottenendo una progenie sterile.

Venne poi assunto da un nobile tedesco, il Margravio di Baden, affinché curasse i giardini reali. Negli anni in cui ricoprì questo ruolo si dedicò a esperimenti di ibridazione di ogni genere, che implicarono oltre 500 incroci su 138 specie diverse da cui lo scienziato riuscì a ottenere ben 65 ibridi differenti.

Questi ottimi traguardi furono raggiunti nonostante l'opposizione del capo giardiniere Saul, che cercò di boicottare e ostacolare gli esperimenti, ritenendoli eretici e contrari agli insegnamenti della Bibbia (il Deuteronomio recita: "Non seminerai nella tua vigna semi di specie diverse").

Kölreuter scrisse una serie di libri dedicati all'ibridazione delle piante intorno agli anni Sessanta del XVIII secolo, che però non riscossero particolare interesse. Il tedesco venne riscoperto e i suoi studi furono riprodotti e reinterpretati solo quando Darwin li citò con frequenza nelle sue opere.

Altri ibridisti celebri furono il tedesco Karl Friedrich von Gärtner, l'inglese Thomas Andrew Knight e il francese Charles-Victor Naudin. Tra gli altri precursori degli studi di Mendel, Naudin fu senz'altro quello che, con i suoi incroci, si avvicinò maggiormente ai risultati che avrebbe ottenuto il monaco. Tra il 1852 e il 1861, quindi quasi in contemporanea con Mendel, Naudin effettuò numerosi esperimenti di ibridazione tra piante di *Primula*, osservando una certa reversione alla specie originale quando venivano incrociati gli ibridi di prima generazione.

Applicò queste ricerche a più individui, capendo che solo in questo modo era possibile osservare tutti i possibili incroci. Affermò infatti che "è necessario moltiplicare in misura sufficiente gli individui della stessa origine per avere la possibilità di incontrare tutte le modificazioni di cui le forme ibride sono suscettibili".

Quello che mancò agli studi di Naudin fu un'analisi statistica, una valutazione del numero di ibridi formatisi e delle proporzioni tra le varie forme che, forse, avrebbe potuto aiutarlo a ottenere una regola generale sui fenomeni che aveva osservato. Inoltre Naudin non era direttamente interessato all'eredità, ma più alla comprensione del concetto di specie e a capire quale fosse il limite, la barriera che definiva la separazione tra due individui appartenenti a specie diverse.

Alcuni autori hanno sottolineato come Mendel abbia applicato la sua ricerca più nel campo dell'ibridismo (e di conseguenza dell'orticoltura e dell'allevamento) che sulla pura ricerca scientifica sull'ereditarietà. Il professor Ondřej Dostál, direttore del Mendel Museum di Brno, conferma questa mia ipotesi:

> Basta guardare la prima pagina del suo saggio, le concimazioni artificiali che erano state effettuate su piante ornamentali con lo scopo di produrre nuove varianti di colore avevano fornito la motivazione per i suoi esperimenti – e prosegue – la regolarità con cui le stesse forme ibride si ripresentavano ogni volta che avveniva la fecondazione tra specie simili lo indusse a fare ulteriori esperimenti. Il compito di questi studi era di seguire lo sviluppo degli ibridi nei loro discendenti. Ha

lavorato con le piante perché era curioso di scoprire le regole di ibridazione nelle specie ornamentali. Era prima di tutto un giardiniere, un giardiniere molto intelligente e competente.

Anche prima di Mendel, infatti, oltre alla pura ricerca scientifica, molti esperimenti in questo campo erano dettati da necessità pratiche.

Alla moderna agricoltura dell'Impero occorrevano basi scientifiche solide su cui sviluppare nuove varietà di piante coltivate e animali da allevamento. Ovunque in Europa c'era un vistoso aumento demografico e la necessità di sfamare sempre più persone era un problema pressante. Le nuove conoscenze in campo scientifico e soprattutto botanico potevano fornire un aiuto importante per migliorare le produzioni agricole. Anche per questo motivo si effettuavano incroci tra esemplari della stessa specie, nel tentativo di isolare uno o più caratteri che potessero risultare utili.

In questo campo, il succitato inglese T.A. Knight fu il primo a utilizzare il pisello (*Pisum sativum*) come elemento di studio per le ibridazioni. La pianta presentava infatti varietà con caratteri facilmente distinguibili per forma, grandezza, colore. Negli anni Venti del XIX secolo portò avanti questi studi con grande cura, osservando negli ibridi la dominanza di un carattere rispetto alla sua forma alternativa, come per esempio i piselli lisci, dominanti rispetto ai rugosi.

Altri studiosi, come gli inglesi Alexander Seton e John Goss, confermarono la presenza di caratteri dominanti e recessivi. Il francese Augustin Sageret effettuò esperimenti simili sul melone, osservando come non soltanto i caratteri dominanti comportassero la scomparsa dei recessivi negli ibridi di prima generazione, ma anche come i recessivi potessero riapparire in seguito, incrociando tra di loro questi primi ibridi. Questo poteva portare alla comparsa di caratteri ancestrali anche dopo molte generazioni nei quali non si erano mai osservati.

Insomma, grazie all'incessante lavoro di ricerca degli ibridatori, intorno alla metà del XIX secolo c'erano già buone conoscenze su alcuni dei principali fenomeni ereditari. Si sapeva che entrambi i genitori contribuivano in ugual misura alla formazione della progenie, si conosceva l'esistenza di caratteri dominanti e recessivi, l'uniformità degli ibridi di prima generazione e la ricomparsa dei caratteri recessivi dalla seconda generazione in poi.

Ciò che ancora non c'era era una teoria generale che riassumesse e spiegasse nel dettaglio i meccanismi che regolavano questi fenomeni. Tuttavia, non mancavano certo solide basi su cui impostare una ricerca fatta per bene.

Come ha scritto Sander Gliboff dell'Università dell'Indiana, "sarebbe davvero strano non considerare il lavoro di Mendel come parte di un dialogo più ampio".

Prima di recarsi a Vienna, Mendel conosceva già i problemi connessi con l'ibridazione delle piante. Portò con sé la monografia sull'argomento del Gärtner di cui sopra, che già esponeva tutti i fenomeni che in futuro sarebbero stati presenti nelle sue stesse leggi sull'ereditarietà, a eccezion fatta dei rapporti numerici sulla segregazione dei caratteri.

Sulla copia del libro appartenuta a Mendel vennero trovati i primi appunti riguardanti le caratteristiche della pianta del pisello. Queste osservazioni sarebbero poi diventate il punto di partenza dei suoi studi sull'ereditarietà a cui iniziò a dedicarsi non appena tornato a Brünn, nel 1853.

Nello stesso anno, Mendel entrò a far parte della Società Zoologica e Botanica di Vienna, dove lesse un breve scritto su una specie di falena, *Botys margaritalis*, i cui bruchi avevano attaccato le piante di radicchio dell'abbazia. Spinto dal suo insegnante di entomologia a Vienna, Vincenz Kollar, Mendel raccolse alcuni di questi bruchi e li allevò per approfondire la loro conoscenza.

Poi si dedicò allo studio di un altro insetto, il tonchio del pisello (*Bruchus pisorum*), e su questo scrisse un breve saggio che venne letto pubblicamente in sua assenza. Ironicamente questa specie, che era un parassita proprio delle piante di pisello, anni dopo sarebbe stata l'artefice della morte di tutte le piante coltivate nella sua serra, per fortuna solo dopo che i suoi studi avevano già fornito risultati importanti. E così, per un'insolita piega del destino, una delle prime connessioni di Mendel con le ricerche su questo vegetale si sarebbe trasformata in una delle ragioni che lo avrebbero indotto ad abbandonare quegli stessi studi, circa dieci anni dopo.

L'abate Napp selezionava i monaci dotati di migliori qualità per destinarli all'approfondimento dei loro studi scientifici e filosofici. E così nel 1854, per favorire le ricerche del suo brillante discepolo, Napp fece costruire all'interno dell'abbazia una serra destinata alle sue ricerche.

Nello stesso anno, anche se non aveva passato l'esame per ottenere il titolo di docente, Mendel ricominciò a insegnare. Appositamente per lui venne creata una cattedra alla *Realschule*, il liceo locale appena fondato. Lì avrebbe insegnato scienze naturali e fisica a grandi classi, che includevano in certi casi più di cento allievi. Si dimostrò da subito un insegnante competente, gentile, paziente. I suoi studenti apprezzavano molto sia il suo metodo di insegnamento chiaro e comprensibile, sia la sua disponibilità a ripetere e chiarire i concetti più difficili.

Nel 1855 Mendel provò nuovamente a passare l'esame per diventare un insegnante a tutti gli effetti. In questa nuova prova, che prevedeva una parte di esame a Brünn e una a Vienna, Gregor completò la prima sezione del test nella città morava. A Vienna, però, ebbe un collasso nervoso dopo aver risposto alla prima domanda della prova scritta, al punto che non riuscì più ad andare avanti. E così fallì nuovamente.

A questo punto divenne chiaro qual era il suo problema: si trattava dello stesso blocco che lo aveva fermato al tentativo precedente e che non era una scarsa preparazione, ma un eccessivo carico di stress.

Gregor, con ogni probabilità, soffriva di ansia da esame.

Ciononostante, il fallimento non impedì a Mendel di continuare a insegnare, dato che mantenne la sua posizione alla Realschule per anni. Il lato negativo fu però che ricevette sempre metà paga rispetto agli insegnanti accreditati.

Eppure, nell'economia della nostra storia, questo fu forse un bene: il secondo insuccesso lo spinse ancora di più verso quelle ricerche che lo avrebbero consegnato per sempre alla storia della scienza.

Parte seconda

LE RICERCHE

Tra le tranquille mura dell'abbazia di Brünn, Mendel trovò l'ambiente adatto per portare avanti una serie di studi che lo impegnarono per moltissimo tempo, mettendo così in luce la sua grande dedizione.

Un metodo rigoroso e matematicamente ineccepibile, la scelta della specie adatta e dei suoi caratteri più facilmente osservabili, un'analisi dei dati lucida e geniale resero le ricerche di Mendel sulle piante di pisello un successo ineguagliato negli studi sull'eredità.

Ancora oggi non si può non associare la figura del monaco alle sue ricerche più famose, condotte in una piccola serra nel cuore di un monastero più di un secolo e mezzo fa.

Capitolo 3

LA SERRA E IL GIARDINO

L'agricoltura è la nostra ricerca più saggia, perché alla fine sarà ciò che contribuirà di più alla ricchezza reale, alle buone abitudini e alla felicità.

Thomas Jefferson

Il monaco si muoveva lentamente tra le file di pianticelle. Il tiepido sole del maggio della Moravia le aiutava a crescere rapidamente. Allo stesso modo, la cura e le attenzioni che venivano costantemente dedicate all'orto garantivano loro un futuro sicuro. Sarebbero cresciute delle piante di pisello sane e robuste.

Un vecchio detto locale recitava: "Chi non coltiva il suo terreno il giorno di San Gregorio è un uomo pigro". Papa Gregorio Magno viene celebrato il 12 marzo e il monaco, che aveva preso a cuore questo proverbio, aveva iniziato la preparazione dell'orto due mesi prima di quel fatidico giorno. Nondimeno, il nome che aveva scelto quando venne ordinato sacerdote era proprio Gregor.

I fiori delle pianticelle di pisello si erano già formati, ma non erano ancora sbocciati. Gregor si spostava di pianta in pianta, seguendo il filare. Su ogni pianta ripeteva pazientemente la stessa procedura: apriva con delicatezza la parte interna del fiore e, con un paio di pinzette, recideva gli stami, cioè le parti fertili maschili. Rimuovere gli stami significa anche rimuovere quelle strutture apicali, le antere, che portano con sé il polline. I piselli sono piante ermafrodite, quindi ogni esemplare ha componenti sia maschili sia femminili che, di solito, si autofecondano. In questo caso, le parti femminili del fiore venivano lasciate intatte dal monaco che, prima di spostarsi alla pianta successiva per ripetere l'operazione, proteggeva il fiore con un piccolo cappuccio, per evitare che al momento della fioritura un impollinatore occasionale potesse falsare i risultati: tutte queste piante sarebbero state fecondate direttamente da lui, una per una, in un secondo momento.

Sulla seconda fila di piante Gregor non effettuò la stessa operazione. Pochi giorni dopo, invece, raccolse delicatamente i granuli di polline appena formati. Questi avrebbero fecondato le pianticelle della fila precedente, quelle che aveva "evirato".

Forse a qualche lettore occasionale un'attività del genere, associata a una figura religiosa, apparirà quantomeno insolita. Tuttavia per Mendel, che era originario di una famiglia di contadini e si interessava sin dalla gioventù di orticoltura e di ibridazione, era un'occupazione assolutamente normale e da sempre appartenuta al suo mondo. In più era un uomo di scienza e, quando alle sue lezioni trattava argomenti come la riproduzione e la sessualità, zittiva eventuali risatine o battute dei suoi giovani studenti facendo notare come si trattasse di cose del tutto naturali.

Non era dello stesso avviso il vescovo locale, Anton Ernst von Schaffgotsch, che trovava le ricerche scientifiche condotte dai monaci del monastero del tutto inappropriate al loro ruolo.

Questa convinzione era in aperto contrasto sia con le idee dell'abate Napp, che era uomo di grande cultura e dagli interessi più svariati, sia con gli stessi principi dell'ordine agostiniano, che da sempre propugnava la ricerca della conoscenza per il raggiungimento della saggezza (*per scientiam ad sapientiam*).

Figura 3.1 – Il giardino dell'abbazia. In corrispondenza di gazebo, sedie e tavolini un tempo si trovava la serra riscaldata in cui Mendel effettuò i suoi celebri esperimenti sulle piante di pisello. Si può notare in alto a destra l'imponente sagoma del birrificio.

Da decenni il monastero agostiniano di Brünn era un luogo di studio e ricerca scientifica e, sotto la guida di Napp, le idee di Mendel avevano trovato un terreno particolarmente fertile su cui svilupparsi.

La difesa dell'abate Napp dalle ingerenze esterne fu sempre forte, ma in alcuni contesti l'influenza del vescovo riuscì comunque a farsi sentire. Per esempio, durante una sua visita ufficiale al monastero nel 1854, Schaffgotsch ebbe modo di vedere le stanze dei monaci e quella di Gregor Mendel si rivelò particolarmente utile alla sua causa che era, sostanzialmente, far chiudere tutta la struttura.

Entrando nelle due camere assegnate a Mendel si era subito investiti da un odore pungente. Le numerose gabbie accatastate al loro interno tradivano la sua ricerca dei tempi: il monaco stava effettuando esperimenti di ibridazione sui topi. Cercava di ottenere incroci tra topi albini e topi dal mantello scuro, per osservare quale colore avrebbe presentato la loro progenie. Schaffgotsch fu molto contrariato: per lui era inaccettabile che un monaco dedicasse il suo tempo allo studio di animali che copulavano, per giunta nelle sue stesse stanze, che dovevano essere dedicate esclusivamente al riposo e alla preghiera.

Il disappunto del vescovo fu tale che Mendel decise di abbandonare questi studi per dedicarsi alle più innocue pianticelle di pisello. Ciononostante, questa scelta si rivelò fortunata, visti i risultati che avrebbe ottenuto in seguito in quel campo. E il monaco, che era dotato di uno spirito sagace, ripensando a questa censura pare avesse affermato: "Vedete, il vescovo non capisce che anche le piante fanno sesso".

Per fortuna, come abbiamo detto, dalla parte di Mendel c'era l'abate Cyril Napp. Per il suo pupillo, Napp fece realizzare nel giardino dell'abbazia un'ampia serra riscaldata che lo avrebbe aiutato a portare avanti i suoi studi sulle ibridazioni.

Gli studi sui piselli, iniziati nella primavera del 1856, impegnarono Mendel per sette anni consecutivi e si servirono di un numero impressionante di piante: si stima che il monaco ne coltivò circa trentamila nel corso delle sue ricerche. Nondimeno, osservò e descrisse qualcosa come trecentomila semi prodotti da queste piante.

La pazienza, la precisione, la rigorosità del metodo furono uno dei punti di forza delle sue ricerche. Il gran numero di esemplari osservati diede inoltre un importante valore statistico ai risultati ottenuti dagli esperimenti. Ne riparleremo più in là.

Anni dopo, Mendel avrebbe scritto:

> Le piante sperimentali devono necessariamente:
> 1. avere tratti distintivi costanti;
> 2. i loro ibridi devono essere protetti dall'influenza di tutto il polline estraneo durante i periodi di infiorescenza o permettere facilmente questa protezione;
> 3. non ci devono essere marcate riduzioni della fertilità degli ibridi e dei loro discendenti nelle successive generazioni.

Come traspare molto chiaramente da queste parole, prima ancora di iniziare con questi studi Mendel si era occupato con cura dei preparativi: aveva per esempio selezionato linee "pure" di piante, le cui caratteristiche non variavano di generazione in generazione. Aveva inoltre scelto sette caratteristiche tipiche del pisello, che si presentavano in due, e solo due, forme ben distinte: queste coppie di caratteri erano, rispettivamente:

1. posizione del fiore: assiale o terminale;
2. colore del fiore: viola o bianco;
3. lunghezza della pianta: alta o bassa;
4. forma del seme: rotondo o rugoso;
5. colore del pisello: giallo o verde:
6. forma del baccello: rigonfio o grinzoso;
7. colore del baccello: giallo o verde.

Partiamo da un presupposto importante: Mendel sapeva benissimo cosa stava facendo. La scelta di questi caratteri non fu certo casuale e, anche se ovviamente esistono molti altri caratteri che si presentano in maniera meno distinta o con più variabili (come per esempio nel caso della codominanza, che vedremo), Mendel scelse quelle specifiche caratteristiche sapendo che avrebbero fornito dati chiari e di facile interpretazione.

Agli inizi della primavera del 1856, con tutte le linee pure selezionate, Mendel iniziò con gli esperimenti, che furono, nell'ordine:

1. piselli lisci incrociati con piselli rugosi – 60 incroci su 15 piante;
2. piselli gialli incrociati con piselli verdi – 58 incroci su 10 piante;
3. fiori bianchi incrociati con fiori viola – 35 incroci su 10 piante;
4. baccelli rigonfi incrociati con baccelli grinzosi – 40 incroci su 10 piante;
5. baccelli verdi incrociati con baccelli gialli – 23 incroci su 5 piante;
6. fiori assiali incrociati con fiori terminali – 34 incroci su 10 piante;
7. piante alte incrociate con piante nane – 37 incroci su 10 piante.

La prima generazione avrebbe fornito tutti ibridi, ossia tutti incroci nati da genitori con due caratteristiche differenti.

Con la prima generazione, già si poté notare uno degli aspetti fondamentali dell'eredità mendeliana: tutti gli ibridi, nessuno escluso, presentavano le caratteristiche di uno solo dei genitori. Mendel chiamò i caratteri che si erano espressi nella prima generazione di ibridi come "dominanti", mentre quelli apparentemente scomparsi vennero definiti "recessivi". I primi venivano indicati da Mendel con la lettera maiuscola, per esempio **A**, mentre gli altri con la minuscola, per esempio **a**. Le lettere cambiavano a seconda del carattere: **A** o **a** per indicare per esempio la forma dei piselli, **B** o **b** per l'altezza della pianta e così via.

Questi ibridi erano i rappresentanti della prima generazione di piante create da Mendel, che venne identificata con F_1.

I caratteri dominanti erano:

1. piselli arrotondati;
2. piselli gialli;
3. fiore viola;
4. baccello arrotondato;
5. baccello verde;
6. fiori assiali;
7. pianta alta.

Avendo creato linee pure per ogni carattere, Mendel teorizzò quindi che la generazione F_1 fosse interamente composta da piante che portavano in sé le informazioni di entrambe le forme presenti nei genitori: se aveva incrociato **A** con **a**, per esempio, il risultato finale era sempre **Aa**, in cui solo il carattere dominante, però, si era espresso nell'aspetto esterno della pianta. Quindi le piante di F_1 avevano tutte, dentro di sé, entrambe le forme della generazione precedente: **Aa**, **Bb**, **Cc** e così via.

Nota a margine: oggi anche le linee pure vengono indicate con due lettere (**AA** o **aa**, **BB** o **bb**, ecc.). Qui stiamo riprendendo la terminologia originale utilizzata da Mendel, in cui questi individui (che in seguito vennero chiamati omozigoti) erano identificati con un'unica lettera.

Per Mendel le cose si semplificarono con le generazioni successive: niente più castrazioni di piante, niente più impollinazioni forzate. I piselli, meticolosamente catalogati, numerati e lasciati seccare per essere piantati in primavera, avrebbero portato alla nascita della nuova generazione.

Con la F_2, arrivata nel 1858, Mendel si occupò solo di osservare, contare e catalogare tutti i caratteri delle piante. I piselli, però, erano lasciati liberi di autofecondarsi, come avrebbero fatto naturalmente senza interventi esterni.

Come probabilmente il monaco aveva previsto, con la seconda generazione i caratteri recessivi riapparvero, tra l'altro con una frequenza sorprendentemente regolare: tutte le caratteristiche dominanti si presentarono in circa tre quarti delle piante, le recessive nel restante quarto. Questo rapporto di 3:1 sarebbe diventato fondamentale nelle osservazioni successive e alla base di una delle più importanti leggi della genetica.

Ecco, in breve, i risultati che ottenne Mendel nella sua F_2, suddivisi per carattere:

- Forma dei semi: 5474 arrotondati, 1850 rugosi. Rapporto: 2,96:1
- Colore dei semi: 6022 gialli, 2001 verdi. Rapporto 3,01:1
- Colore dei fiori: 705 viola, 224 bianchi. Rapporto: 3,15:1
- Forma dei baccelli: 882 arrotondati, 299 grinzosi. Rapporto: 2,95:1
- Posizione del fiore: 651 assiali, 207 terminali. Rapporto: 3,14:1
- Altezza delle piante: 787 alte, 277 nane. Rapporto: 2,84:1

Numeri sorprendenti, quasi incredibili nella loro perfezione: era pressoché impossibile prevedere, anche per lo stesso Mendel, una tale chiarezza e facilità di interpretazione nei risultati di queste sperimentazioni. Non a caso, decenni dopo la sua morte qualcuno li avrebbe messi in dubbio, obiettando – erroneamente – l'impossibilità statistica di ottenere valori così perfettamente aderenti ai risultati attesi. Lo vedremo più avanti.

Figura 3.2 – La statua di Mendel e, subito sopra l'ingresso principale, la finestra di quello che fu il suo alloggio negli anni trascorsi nell'abbazia.

Mesi dopo, Mendel si dedicò di nuovo a raccolta ed essicazione dei semi, catalogazione e numerazione delle piante: col 1859 sarebbe arrivata la F_3, anche in questo caso una generazione lasciata libera di autofecondarsi.

La nuova generazione F_3 dimostrò che tutte le forme recessive – che Mendel aveva chiamato con le lettere minuscole **a**, **b**, **c** e via dicendo – della generazione precedente (le piante basse, i fiori bianchi, i baccelli grinzosi, ecc.) generavano solo ed esclusivamente nuove forme recessive e si trattava quindi di linee pure. Delle piante ibride, che avevano tutte presentato il carattere dominante, un terzo dimostrarono di essere in realtà linee dominanti pure (**A**, **B**, **C**...), mentre i due terzi rimanenti produssero una discendenza di dominanti e recessivi nella solita proporzione di 3 a 1, e quindi erano ibridi (**Aa**, **Bb**, **Cc**).

A questo punto, gli studi del monaco cominciarono a diventare sempre più impegnativi: se, infatti, per gli esperimenti sui semi le osservazioni erano abbastanza immediate, per tutti gli altri caratteri (altezza del fusto, posizione del fiore, ecc.) bisognava sviluppare piante adulte, complete. Anche i numeri di piante coinvolte crescevano: ormai avevano raggiunto il migliaio di esemplari per singola generazione.

Per le generazioni successive, Mendel si dedicò a portare avanti tre linee di ricerca in parallelo: continuò a studiare la discendenza che derivava dall'autofecondazione delle piante con caratteri dominanti (quindi **A** × **A** oppure **Aa** × **Aa**); studiò come venivano ereditati due o più caratteri contemporaneamente, per esempio piante nane con fiori bianchi incrociate con piante alte con fiori viola; il terzo e forse il più importante campo di studio del monaco fu la ricerca di una spiegazione a quanto stava osservando con i suoi esperimenti: cercò così di capire in che modo influissero ovuli e polline sul risultato finale, arrivando a un passo dal teorizzare l'esistenza di quei fattori fondamentali dell'eredità che noi oggi chiamiamo geni e che, purtroppo, sarebbero stati descritti soltanto alcuni decenni dopo.

Dalla prima linea di ricerca Mendel arrivò a ipotizzare una regola matematica che prevedeva il numero di esemplari totali derivanti dall'autofecondazione dei dominanti. Per una generazione n, le proporzioni sarebbero state:

- **A** (dominanti puri): $2n-1$;
- **Aa** (ibridi con dominanza): 2;
- **a** (recessivi): $2n-1$.

Per esempio, una F_2 avrebbe presentato un rapporto di 1 **A**, 2 **Aa** e 1 **a**, una F_3 un rapporto di 3 **A**, 2 **Aa** e 3 **a**, una F_4 un rapporto di 7 **A**, 2 **Aa** e 7 **a** e così via. Per quanto matematicamente corretta, però, questa proporzione non aveva particolare valore dal punto di vista biologico.

La seconda linea di ricerca avrebbe invece portato alla formulazione della sua terza legge, detta dell'indipendenza dei caratteri. Considerò il comportamento di più caratteri sulla stessa pianta, a partire da un ibrido, osservando come questi si presentassero in modo indipendente l'uno dall'altro. Come vedremo, questo era corretto nel caso dei caratteri studiati da Mendel sui piselli, ma in natura esistono tantissime eccezioni.

Le proporzioni 3:1, mischiate per due caratteri, portano a una proporzione di 9:3:3:1, che non venne mai citata da Mendel, ma è alla base della sua legge e divenne evidente con l'invenzione del quadrato di

Punnett, un diagramma che sarebbe stato inventato dal genetista inglese Reginald Punnett nei primi anni del XIX secolo per spiegare l'espressione dei geni e gli studi stessi del monaco.

La terza e fondamentale linea di ricerca di Mendel lo portò veramente a un passo dal teorizzare l'esistenza dei geni. Indagò sulla composizione delle cellule di polline e degli ovuli. Osservò come gli ibridi doppi (**AaBb**), quando si autofecondavano (quindi **AaBb** x **AaBb**), generassero una progenie con tutti le possibili combinazioni di caratteri, in ugual proporzione. Questo per Mendel stava a significare che tutti i granuli di polline e tutti gli ovuli che questi ibridi producevano contenevano in ugual misura tutte le loro possibili combinazioni: ¼ **AB**, ¼ **Ab**, ¼ **aB** e ¼ **ab**.

Per verificare questa supposizione, Mendel incrociò questi doppi ibridi (**AaBb**) con dei doppi recessivi (**aabb** – indichiamo qui in forma duplice anche le linee pure per maggior chiarezza), ottenendo una proporzione di 1:1:1:1. Questo sta a significare che si erano formati, da parte dei doppi ibridi, quattro tipi di gameti: **AB**, **Ab**, **aB** e **ab**, in numeri pressoché uguali. Dai doppi recessivi si erano formati solo gameti **ab**, e quindi il risultato finale confermava come i doppi ibridi producessero quattro diversi tipi di gameti. Illustrando graficamente questo esperimento, il tutto appare più chiaro:

Doppi ibridi (**AaBb**)

Doppi recessivi (**aabb**)

Gameti	**AB**	**Ab**	**aB**	**ab**
ab	AaBb	Aabb	aaBb	aabb
ab	AaBb	Aabb	aaBb	aabb
ab	AaBb	Aabb	aaBb	aabb
ab	AaBb	Aabb	aaBb	aabb

Al termine di questi esperimenti, si presentarono quattro tipi di piante: **AaBb**, **Aabb**, **aaBb** e **aabb**. I numeri erano sorprendentemente vicini alle aspettative e confermavano in pieno la teoria: 47 **AaBb**, 38 **Aabb**, 40 **aaBb** e 41 **aabb**.

In queste ricerche e in alcuni passaggi conclusivi del suo saggio, si intuisce come Mendel si interrogasse sulle informazioni contenute all'interno dei singoli grani di polline e negli ovuli e non soltanto sull'aspetto esterno delle piante. Se ci fossero stati altri scienziati a dargli man forte, probabilmente il concetto di *gene*, l'informazione contenuta nel singolo gamete, sarebbe nato con ampio anticipo.

In realtà, come vedremo, la nascita della genetica e dell'idea stessa di gene, a causa del disinteresse totale della comunità scientifica per gli studi di Mendel, avrebbe preso una strada ben più tortuosa.

■ Mendel falsificò i suoi risultati?

Per quanto sorprendente possa sembrare, anche il buon Gregor Mendel è stato accusato di aver falsato i dati dei suoi esperimenti. Insinuazioni del genere dovrebbero quantomeno risultare sorprendenti alle orecchie di chi conosce le vicende del monaco agostiniano, del tutto ignorato dai più importanti salotti scientifici nel corso di tutta la sua vita: se proprio avesse barato, di certo non fu bravo a farlo.

Eppure, nonostante tutto, c'è chi ha portato avanti per anni una personale battaglia nei confronti del monaco di Brünn. Il suo nome è sir Ronald Fisher, un matematico, statistico e biologo britannico di grande successo (Richard Dawkins lo definì "il più grande biologo dopo Darwin").

Fisher non mise mai in discussione i meriti scientifici delle ricerche di Mendel, al punto da affermare che "i fatti disponibili nel 1900 furono come minimo sufficienti per stabilire che il contributo di Mendel fu uno dei più grandi avanzamenti sperimentali nella storia della biologia".

Ciononostante osservò come alcuni risultati dei suoi esperimenti fossero incredibilmente vicini ai valori previsti dalle sue leggi: per esempio, in un esperimento il monaco contò 5474 piselli tondi e 1850 piselli rugosi, con un rapporto di 2,91 a 1. In un altro, calcolò un totale di 6002 piselli gialli e di 2001 piselli verdi, ottenendo così una sorprendente proporzione di 3,01 a 1. Risultati, questi, incredibilmente vicini al celebre rapporto di 3 a 1 della sua legge dell'assortimento indipendente.
Fisher era convinto che Mendel avesse falsato i valori per ottenere risultati perfetti. Non metteva necessariamente in dubbio la buona fede del monaco (poteva anche trattarsi di errori inconsci), ma risultati del genere, effettuando test statistici su tali numeri, apparivano fin troppo perfetti per essere veri. Fisher applicò tra l'altro il test statistico del chi quadrato di Pearson, analisi che si applica tipicamente agli studi su grandi popolazioni di persone. Arrivò ad affermare che ci fosse una possibilità su 30.000 di ottenere quei numeri in esperimenti del genere.
L'articolo che Fisher pubblicò nel 1936 per contestare gli esperimenti del padre della genetica fece un grande scalpore. In gioco erano scesi due "pesi massimi": una figura ormai mitizzata di umile genio, riscoperto dopo anni di oblio, per diventare il padre fondatore della genetica da una parte; uno dei più importanti teorici della statistica applicata alla stessa genetica dall'altra. Fisher, in aggiunta, era uno dei fautori della "sintesi moderna", la nuova genetica che univa darwinismo e mendelismo. Non era quindi una boutade di un signor nessuno in cerca di notorietà.
Alcuni scienziati appoggiarono Fisher. Tra questi l'americano Robert Scott Root-Bernstein, che affermò: "I risultati di Mendel sono statisticamente improbabili".

La gran parte della comunità scientifica, però, rimase dalla parte del monaco e molti scienziati contestarono a Fisher errori concettuali e imprecisioni nel suo articolo. In particolare, il genetista americano Francis Weiling, che aveva pubblicato oltre quindici articoli scientifici di analisi dei dati ottenuti da Mendel, osservò come Fisher avesse applicato i metodi matematici sbagliati per un caso come quello degli studi di Mendel su *Pisum*.

A conclusioni simili giunse il genetista americano Sewall Wright, dopo un lungo studio della questione, affermando che "non ci fu alcun deliberato tentativo di falsificazione".

Alla fine, sebbene Fisher non avesse mai ritrattato le sue accuse al monaco, la questione venne accantonata da gran parte della comunità scientifica.

Oggi sono veramente in pochi a dubitare della veridicità dei dati elencati da Mendel nel suo saggio. Ciononostante, a un occhio attento non può sfuggire quanto buoni e vicini alle aspettative siano stati i risultati ottenuti dal monaco nella piccola serra dell'abbazia di Brünn.

Capitolo 4

LE LEGGI DI MENDEL

Gli esperimenti di Gregor Mendel sull'ibridazione delle piante e la teoria che creò per spiegare i loro risultati rimodellarono l'atteggiamento del mondo scientifico non solo nei confronti dell'eredità, ma di quasi tutti i fenomeni del mondo vivente.

Vítězslav Orel

Lasciamo un attimo da parte la narrazione storica, facciamo un passo avanti e cerchiamo di capire in che modo gli studi di Mendel sulle piante di pisello abbiano condotto alla formulazione di quelle leggi che, ancora oggi, prendono il suo nome.

Sebbene la loro formalizzazione sia arrivata ben dopo la morte del monaco agostiniano, è importante chiarire che cosa stabilirono e perché sono oggi ritenute così importanti. Allo stesso modo è utile cercare di capire come erano strutturate, in modo da realizzare al meglio quanto fondamentali siano stati gli studi portati avanti da Mendel nell'abbazia.

Quindi abbandoniamo per un momento la successione cronologica degli eventi e proviamo a comprendere di cosa stiamo parlando.

Per capire gli studi condotti nell'orto dell'abbazia di Brno/Brünn dal monaco agostiniano, iniziamo col prendere confidenza con alcuni termini tecnici: molti sono stati ideati ben dopo la morte dell'abate, ma oggi sono lo standard, la "lingua" che i genetisti utilizzano per studiare l'ereditarietà.

Quindi non diamo per scontate alcune cose: Mendel non ha mai teorizzato l'esistenza di un fattore "nascosto" che determinasse l'aspetto esterno di un organismo, pur interrogandosi sul problema; non è lui, quindi, l'ideatore del concetto di gene.

Mendel ideò e utilizzò i termini "dominante" e "recessivo" che sono validi ancora oggi, ma li usò per descrivere l'aspetto *esterno* delle piante, non il contenuto genetico delle cellule riproduttive. Non si servì nemmeno di termini come "alleli", "genotipo" o "fenotipo". Quindi, quanto segue è basato sì sugli studi del monaco agostiniano ma è, in buona parte, un'interpretazione dei risultati da lui ottenuti, sulla base di conoscenze e approfondimenti arrivati in seguito.

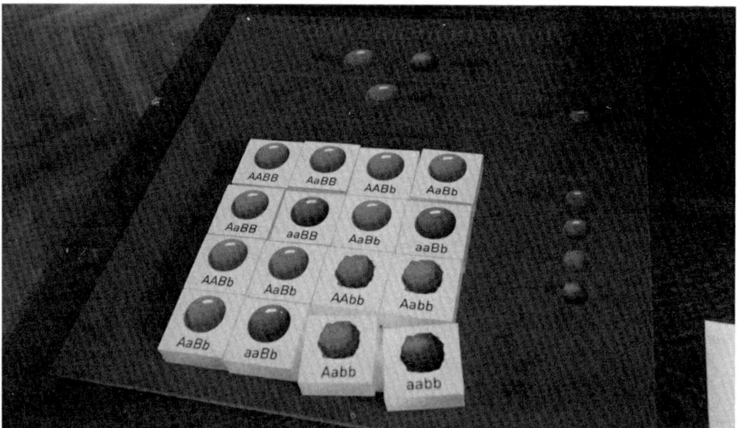

Figura 4.1 – La legge dell'assortimento indipendente in un exhibit interattivo del Mendelianum di Brno.

Le leggi di Mendel che oggi studiamo sui libri di biologia, in parole povere, sono l'elaborazione di quanto da lui analizzato, ma non sono per intero farina del suo sacco, non almeno dal punto di vista formale. La stessa espressione "leggi di Mendel" venne coniata da uno dei suoi riscopritori, il tedesco Carl Correns, molti anni dopo la morte dell'abate. I risultati e le applicazioni pratiche di queste scoperte, invece, sono sicuramente merito delle sue ricerche. Cerchiamo quindi di capire queste leggi per come vengono presentate al giorno d'oggi.

Le leggi di Mendel sono tre e stabiliscono gli elementi fondamentali della trasmissione dei caratteri ereditari, di generazione in generazione e nell'arco di più generazioni.

Si basano sui principi fondamentali della teoria cromosomica dell'ereditarietà, che ci fornisce dati indispensabili per poter comprendere appieno i meccanismi che regolano la trasmissione ereditaria. Il termine "cromosomica" deriva dal fatto che i fattori alla base del passaggio delle informazioni ereditarie di generazione in generazione sono proprio i cromosomi. Questa scoperta, però, avvenne solo a cavallo tra XIX e XX secolo, come vedremo più avanti. Queste microscopiche strutture, presenti nel nucleo delle cellule, erano ancora sconosciute ai tempi di Mendel.

Prendiamo confidenza con alcuni termini tecnici che sono alla base della genetica. Gli *alleli* sono varianti di fattori specifici, definiti *geni*, che sono l'unità ereditaria fondamentale di tutti gli organismi viventi.

Ciascun gene è situato in una determinata area del cromosoma denominata *locus* (plurale *loci*) e gli alleli dello stesso gene sono situati su cromosomi omologhi (cromosomi morfologicamente identici che appaiono durante il processo della meiosi) in *loci* corrispondenti.

Il *fenotipo* è la manifestazione degli alleli, mentre il *genotipo* è il contenuto informativo di tutto il genoma. Il genotipo, però, non porta sempre all'espressione di un fenotipo particolare, in quanto non tutto il genoma è costituito da geni.

Un *carattere* è invece una caratteristica dell'organismo e non va confuso con il fenotipo, che è la forma in cui questo si presenta. Per esempio, un carattere è il colore degli occhi nell'uomo, mentre gli occhi azzurri possono essere un fenotipo.

All'allele dominante corrisponde un gene che si indica con la lettera maiuscola, per esempio **A**, mentre all'allele recessivo un gene che si indica con la lettera minuscola, per esempio **a**. Altre coppie di alleli si indicano con altre lettere dell'alfabeto (**B**, **b**, **C**, **c**, ecc.). Ciascun individuo, a partire dalle sue cellule somatiche, possiede un corredo cromosomico *diploide* (duplice), che deriva dalla fusione di gameti *aploidi* (singoli) dei genitori, e quindi da coppie di cromosomi omologhi e di alleli per ciascun gene. Si potranno avere individui *omozigoti* se presenteranno due alleli uguali (**AA** o **aa**), *eterozigoti* se differenti (**Aa**).

Tali alleli si separeranno con la *meiosi*, il processo che dà origine alle cellule riproduttive, generando i gameti, con soltanto la metà del patrimonio genetico del genitore e soltanto uno dei suoi alleli, quindi di natura aploide. Con la fecondazione, l'unione dei gameti, l'individuo diploide che si formerà (*zigote*) avrà in eredità un allele di origine materna e uno di origine paterna. Da queste semplici ma fondamentali definizioni si possono comprendere appieno le leggi descritte di seguito.

La prima legge, della dominanza dei caratteri o **legge della uniformità degli ibridi di prima generazione**, dice che *dall'incrocio fra individui di razza pura che differiscono per una coppia di alleli, derivano figli che manifestano uno solo degli alleli della coppia.*

In pratica, se un genitore presenta un allele dominante e l'altro genitore il corrispondente allele recessivo, in prima generazione tutti i loro discendenti mostrano solamente il fenotipo connesso all'allele dominante. Per esempio, dall'incrocio tra piselli lisci e rugosi di linea pura, in prima generazione avremo tutti ibridi con aspetto liscio, che è causato dall'allele dominante. Tale legge non ha però valore assoluto per tutti i caratteri fenotipici. Esistono svariate eccezioni, a seconda del carattere in esame.

Se in prima generazione compare un fenotipo intermedio tra quello dei due genitori, in questo caso si parla di *dominanza incompleta.* Un classico esempio si vede nei fiori della bella di notte (*Mirabilis jalapa*): dall'incrocio tra un genitore omozigote con fiori rossi **AA** e un altro omozigote con fiori bianchi **aa**, compariranno ibridi **Aa** con fiori rosa.

Se invece l'ibrido manifesta il fenotipo connesso agli alleli di entrambi i genitori, si parla di *codominanza*: un tipico esempio sono i gruppi sanguigni dell'uomo.

Infine, nel caso dell'*eredità poligenica*, determinati caratteri sono regolati da più di una singola coppia di geni, per esempio la nostra altezza, che è un carattere regolato da molti fattori. Non fatevi disorientare dagli studi visti qui: i caratteri che dipendono da più di un gene, in natura, non sono certo una rarità.

Mendel aveva azzeccato in pieno la scelta dei caratteri da esaminare nelle piante di *Pisum*. Un ottimo esempio per l'applicazione di questa legge è dato infatti dall'incrocio fra semi lisci di pisello (**AA**) e rugosi (**aa**), in cui quest'ultimo è un allele recessivo e pertanto non si esprime negli ibridi di prima generazione, mentre l'unico allele a esprimersi è l'aspetto liscio e viene pertanto definito dominante.

Schematicamente, questo tipo di ibridazione si può riassumere così:

$$\mathbf{AA} \times \mathbf{aa} \rightarrow \mathbf{Aa}$$

Qui troviamo un genitore di linea pura dominante **AA**, incrociato con un genitore di linea pura recessiva **aa**. Nella formazione di polline e ovuli si formano i gameti, con metà del corredo genetico del genitore (dal genitore dominante **A**, dal recessivo **a**), e il risultato di tutti i possibili incroci sarà sempre **Aa**, quindi ibridi che presentano solo il fenotipo connesso all'allele dominante (pisello liscio o giallo, pianta alta, e così via). Utilizzando un quadrato di Punnett, uno schema che raffigura tutte le possibili combinazioni degli incroci, ecco cosa otteniamo:

Gameti	**a**	**a**
A	Aa	Aa
A	Aa	Aa

Da un lato del quadrato abbiamo i gameti provenienti da un genitore, dall'altro lato quelli provenienti dall'altro genitore.

Qualunque sia l'incrocio, il risultato non cambia: questo tipo di ibridi di prima generazione presenterà sempre lo stesso corredo genetico **Aa**. Ecco spiegata la prima legge di Mendel.

La seconda legge, detta della disgiunzione o segregazione, è la legge fondamentale della genetica: *gli alleli riunitisi negli individui di prima generazione si distinguono nella seconda generazione e nelle generazioni successive.*

Questo viene espresso nel fenotipo quando si incrociano tra loro ibridi di prima generazione in cui era scomparso il fenotipo relativo all'allele recessivo dei genitori. Ritorniamo quindi all'esempio dei piselli di Mendel e incrociamo tra loro gli ibridi **Aa** che abbiamo visto in precedenza, i semi lisci della prima generazione, ottenuti dall'incrocio tra lisci e rugosi (**Aa** × **Aa**):

Gameti	A	a
A	AA	Aa
a	Aa	aa

Quindi otteniamo:

Aa × **Aa** → ¼ **AA** + ²⁄₄ **Aa** + ¼ **aa**

Nel nostro caso:

- **AA** + **Aa** = semi lisci;
- **aa** = semi rugosi.

Come si nota chiaramente dal diagramma, gli **aa**, quindi gli unici esemplari in cui è visibile il fenotipo recessivo, ricompaiono nell'incrocio di ibridi provenienti dalla prima generazione, per un quarto del totale. Ecco spiegata la legge della disgiunzione di Mendel.

La terza legge, dell'indipendenza o dell'assortimento indipendente, afferma che *le varie coppie di alleli si comportano negli incroci indipendentemente le une dalle altre.*

Qui la faccenda diventa leggermente più complicata, perché vengono valutati contemporaneamente due caratteri dipendenti ciascuno da un unico gene. Possiamo indicare questi caratteri con **A** e **B**.

In questo caso vanno considerati gli incroci tra individui omozigoti per una coppia di caratteri indipendenti. "Indipendenti" significa del tutto slegati l'uno dall'altro. Si tratta di elementi che, anche quando si presentano insieme, non lo fanno con frequenza maggiore rispetto alla media osservata. Nel caso dei piselli, prendiamo in considerazione due caratteri studiati da Mendel: l'aspetto del seme (allele "liscio" dominante, indicato con **A**, allele "rugoso" recessivo indicato con **a**) e il suo colore (allele "giallo" dominante **B**, "verde" recessivo **b**).

Essendo omozigoti per ciascuna coppia di alleli, possiamo indicare con **AABB** gli esemplari di linea pura con solo alleli dominanti, **aabb** quelli con solo alleli recessivi. Questi esemplari appartengono alla generazione parentale P.

Gli ibridi di prima generazione seguiranno le leggi sopra indicate, indipendentemente per ciascun carattere. In prima generazione F_1 tutti gli ibridi presenteranno quindi solo fenotipi dominanti se figli di genitori omozigoti dominanti con omozigoti recessivi:

AABB × aabb

Per rendere meglio visibile il tutto, utilizziamo il solito quadrato di Punnett, questa volta leggermente più complesso dato che stiamo analizzando due caratteri. In questo modo riusciremo a considerare tutte le possibili combinazioni di geni nei gameti. Per questo tipo di incrocio, comunque, si formeranno sempre gli stessi gameti: **AB** da genitori **AABB**, **ab** da genitori **aabb** e, di conseguenza, sempre gli stessi figli:

Gameti	**ab**	**ab**	**ab**	**ab**
AB	AaBb	AaBb	AaBb	AaBb
AB	AaBb	AaBb	AaBb	AaBb
AB	AaBb	AaBb	AaBb	AaBb
AB	AaBb	AaBb	AaBb	AaBb

Quindi otteniamo:

AABB × aabb → AaBb

Nel caso dei piselli, in questa prima generazione F_1 otterremo tutti incroci uguali, semi lisci e gialli.

In seconda generazione F_2, incrociando tra di loro gli ibridi appena ottenuti, otterremo quanto visto nella seconda legge di Mendel, ma esteso a due caratteri e non più a uno solo:

AaBb × AaBb

Di conseguenza, tutti gli ibridi presenteranno proporzioni fenotipiche di 3:1 per entrambi i caratteri, indipendentemente gli uni dagli altri: ci saranno tre quarti di piselli lisci e tre quarti di piselli gialli.

Cerchiamo di trasporre visivamente questo esperimento. Cominciamo dalla formazione dei gameti: in F_1 abbiamo tutti individui ibridi **AaBb**, che quindi potranno produrre quattro tipi di gameti: **AB**, **Ab**, **aB**, **ab**. Incrociandoli tra di loro, ecco tutte le possibili combinazioni che potremo ottenere:

Gameti	AB	Ab	aB	ab
AB	AABB	AABb	AaBB	AaBb
Ab	AABb	AAbb	AaBb	Aabb
aB	AaBB	AaBb	aaBB	aaBb
ab	AaBb	Aabb	aaBb	aabb

Nella totalità degli ibridi di seconda generazione F_2, i rapporti fenotipici saranno di 9:3:3:1, in cui si presenteranno 9⁄16 di individui con entrambi i fenotipi dominanti (tutti gli individui con **AA** o **Aa** e **BB** o **Bb**), 3⁄16 di individui con un fenotipo dominante e uno recessivo (per esempio **AA** o **Aa** e **bb**), 3⁄16 in cui tali fenotipi saranno invertiti (**aa** e **BB** o **Bb**), e 1⁄16 in cui saranno presenti entrambi i fenotipi recessivi (**aa** e **bb**).

Nel capitolo successivo, raccontando le conferenze in cui Mendel presentò i suoi dati al "grande" pubblico, analizzeremo nel dettaglio questi risultati e capiremo in che modo queste leggi furono elaborate dopo la sua morte, basandosi su quanto effettivamente da lui detto.

Nondimeno, vedremo l'enorme talento del monaco nel porre su base statistica questi studi, in maniera sorprendentemente chiara e ineccepibile dal punto di vista matematico, ma comunque non sufficiente per permettergli di ottenere in vita il successo che avrebbe meritato.

■ Mendel fu fortunato?

Nonostante il lunghissimo periodo di disinteresse sugli studi di Mendel in seguito alla sua morte, vi capiterà di sentir dire quanto il religioso sia stato fortunato nel raggiungimento delle sue scoperte. Come mai? Il perché di questa affermazione risiede nella scelta della specie che lui decise di studiare nel modo più dettagliato, ossia il pisello.

I punti fondamentali che portarono Mendel a scegliere questa pianta come oggetto di studio furono numerosi: innanzitutto, le piante di pisello producono tanti semi e questo, per studi su base statistica, può tornare molto utile; hanno un ciclo di vita piuttosto breve e quindi non bisogna aspettare troppo a lungo per osservare i risultati delle ibridazioni; possono essere facilmente impollinate a mano; di solito si autofecondano, quindi se si previene tale processo è facile evitare interferenze esterne da parte di qualche impollinatore occasionale; i caratteri che presentano sono spesso facilmente distinguibili e non ci sono tratti intermedi, "zone grigie" di difficile interpretazione.

Mendel individuò, infatti, una serie di caratteri di questa pianta, come colore dei fiori e rugosità del baccello, che si dimostrarono tutti caratteri dominanti o recessivi. Non c'erano fenomeni come la dominanza incompleta in cui, negli ibridi, si presenta un carattere intermedio tra quelli dei genitori. La seconda legge di Mendel, detta della disgiunzione, presuppone che ogni organismo abbia due copie dello stesso gene. Questo è vero per i piselli e per moltissime altre specie, ma non sono rare le eccezioni: il tabacco, per esempio, ne ha quattro. Inoltre, il monaco scelse sette caratteri distinti che, sorprendentemente, sono del tutto indipendenti l'uno dall'altro, anche quando presenti sullo stesso cromosoma. Lo scienziato considerò i geni, o meglio i caratteri presentati dalle piante (il concetto di "gene" arrivò molto dopo) come unità del tutto a sé stanti, indipendenti l'una dall'altra, ma oggi sappiamo che molto frequentemente ci sono geni tra loro strettamente interconnessi. Tuttavia, grazie alla sua grande conoscenza delle tecniche di coltivazione e ibridazione, il monaco decise di scegliere determinati caratteri che sembravano presentarsi con regolarità. Quindi ci fu sì un po' di fortuna, ma fu soprattutto la sua competenza ad aiutarlo a compiere la scelta più azzeccata. Nondimeno, le piante che furono oggetto degli esperimenti di Mendel furono innumerevoli. I generi coinvolti furono *Pisum*, *Phaseolus*, *Verbascum*, *Tropaeolum*, *Dianthus*, *Hieracium*, *Cirsium*, *Matthiola*, *Geum*, *Linaria*, *Aquilegia*, *Calceolaria*, *Ipomoea*, *Cheiranthus*, *Zea*, *Mirabilis*, *Antirrhinum*, *Potentilla*, *Carex*, *Veronica*, *Viola*, *Ficaria*, *Lychnis*, *Campanula*, *Prunus*, *Malus*, *Pirus*. È quindi lecito pensare che la sua scelta delle piante di pisello come principale oggetto di studio sia stata dettata da una valutazione consapevole e ragionata.

Capitolo 5

LE CONFERENZE E IL SAGGIO

Il breve trattato di Gregor Mendel Esperimenti sull'ibridazione delle piante *è uno dei trionfi della mente umana. Non annuncia semplicemente la scoperta di importanti fatti con nuovi metodi di osservazione e di sperimentazione. Piuttosto, in un atto di creatività del massimo livello, presenta questi fatti in uno schema concettuale che li rende di valore assoluto.*
Il lavoro di Mendel non è solo un documento storico. Resta vivo come a supremo esempio di sperimentazione scientifica e di grande approfondimento dei dati. Può dare piacere e fornire riflessioni a ogni nuovo lettore e rafforzare la sua euforia di essere in compagnia di una grande mente in ogni studio successivo.

Curt Stern ed Eva R. Sherwood

Una quarantina di astanti era presente quella sera. I locali della Realschule, che solitamente vedevano Mendel insegnare a numerose classi di alunni, in questo caso lo videro protagonista di una conferenza scientifica. Era una fredda sera dell'inverno moravo, l'8 febbraio, e il piccolo ma selezionato pubblico era lì presente per sentire padre Gregor raccontare i risultati dei suoi esperimenti di ibridazione. La serata era stata organizzata dalla Società di Scienze Naturali di Brünn e gran parte dei presenti già conosceva gli studi che Mendel stava portando avanti con dedizione da ormai ben otto anni.

Dalle poche testimonianze giunte fino ai giorni nostri, è difficile stabilire se ci fosse realmente curiosità per le ricerche del monaco oppure fosse un normale raduno di appassionati di scienze che dibatteva con regolarità di argomenti di loro interesse. Fatto sta che quella sera, per la prima volta, Mendel raccontava nel dettaglio ciò che aveva osservato in quegli anni.

L'incontro era stato orchestrato da Gustav von Niessl, professore di astronomia e botanica e amico personale di padre Gregor. Il pubblico era composto da professori, scienziati e semplici appassionati. C'era il botanico Alexander Makowsky, collega di Mendel alla Realschule, così come il chimico Franz Czermak. C'era un dottore, Jakob Kalmus, un geologo, Karl Schwippel, e un mineralogista, Joseph Sapetza. C'era anche un confratello di Mendel, Antonin Alt.

Di fronte a questa platea variegata ma competente, salì sul palco per primo Karl Theimer, il vicepresidente della Società di Scienze Naturali, il quale, dopo alcune brevi formalità, introdusse la conferenza del monaco. Mendel aveva preparato la sua presentazione nei minimi dettagli. Aveva meticolosamente appuntato ogni numero, ogni osservazione, anche il più piccolo dato rilevato in quegli ultimi otto anni. Era pronto a presentare al mondo le sue scoperte.

Tenne una conferenza di circa un'ora, soffermandosi principalmente sull'impostazione del suo lavoro e sulle tecniche utilizzate.

Ci furono pochi numeri e ancor meno matematica nella sua presentazione, ma apparve già l'importantissima proporzione di 3 a 1 dei caratteri degli ibridi di seconda generazione. Al termine dell'intervento, a quanto pare, non ci furono domande. I presenti si alzarono e, dopo i saluti di circostanza, lasciarono la Realschule per tornare nelle rispettive dimore.

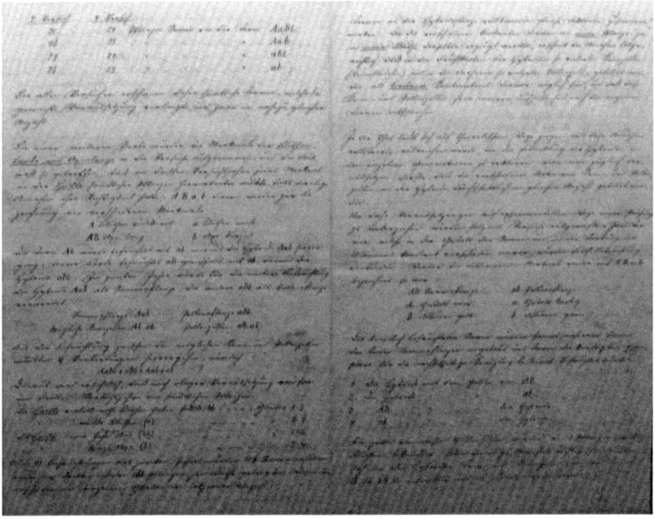

Figura 5.1 – Il manoscritto originale del saggio di Mendel sull'ibridazione, esposto al Mendel Museum nell'estate 2018. L'esibizione è durata pochi mesi per evitare il deterioramento di uno dei testi più importanti della storia della biologia.

Questa, perlomeno, è la versione più credibile di come fu accolto il lavoro di Mendel in quella prima breve conferenza, stando ai biografi ufficiali. Di ben altro avviso fu però un articolo pubblicato sul giornale di Brünn, il *Tagesbote*, il giorno successivo. Il breve trafiletto, a opera di un anonimo reporter, parlava di un'attiva e interessata partecipazione del pubblico. Non è però da escludere che questo articoletto fosse stato scritto da Mendel stesso su richiesta di Josef Auspitz, preside della Realschule e membro della redazione del Tagesbote. Un'abitudine dei giornali del tempo era infatti chiedere un breve resoconto di determinati eventi, come conferenze e dibattiti pubblici, ai loro stessi organizzatori. Questi dovevano essere scritti e consegnati in anticipo, come se l'evento fosse già avvenuto, in modo da avere il materiale già pronto per la pubblicazione. Se così fosse stato, l'attiva e interessata partecipazione del pubblico fu più una speranza di Mendel che un evento realmente avvenuto. In ogni caso, non sapremo mai la verità su questo aspetto. Ma non era ancora finita.

Esattamente quattro settimane dopo, l'8 marzo 1865, andava in scena la seconda parte della presentazione. E questa volta, molta più matematica entrò in gioco. Mendel raccontò dei suoi di- e triibridi, in cui più caratteri erano coinvolti contemporaneamente, e descrisse gli esperimenti fatti con espressioni algebriche.

Noi abbiamo già incontrato le sue leggi e sappiamo di cosa stiamo parlando. Ma immaginatevi una platea, pur interessata e appassionata di argomenti scientifici, che affronta per la prima volta una simbologia mai vista prima, applicata a esperimenti piuttosto complessi, il tutto concentrato in un'ora di presentazione. È normale pensare che gli astanti rimasero piuttosto disorientati.

A grandi linee, Mendel descrisse i suoi esperimenti e quelle che in futuro sarebbero diventate le sue leggi. Ma le descrizioni degli esperimenti fatti da padre Gregor quella sera furono leggermente diverse da come le conosciamo noi oggi.

Per esempio, dall'incrocio dei monoibridi

$$\mathbf{Aa} \times \mathbf{Aa}$$

Mendel osservò come si ottenesse il rapporto

$$\mathbf{A} + 2\mathbf{Aa} + \mathbf{a}$$

in cui, per tre ibridi che presentavano i caratteri dominanti (il singolo **A** e i due **Aa**) c'era un unico esemplare con carattere recessivo, **a**. Ma questo era un ragionamento piuttosto semplice di per sé.

Se entravano in gioco più caratteri, però, la faccenda diventava ben più complessa.

Per esempio, l'incrocio di ibridi per due singoli tratti

$$(\mathbf{A} + 2\mathbf{Aa} + \mathbf{a}) \times (\mathbf{B} + 2\mathbf{Bb} + \mathbf{b})$$

venne rappresentato da Mendel, utilizzando la proprietà distributiva delle moltiplicazioni, in questo modo:

$$\mathbf{AB} + \mathbf{Ab} + \mathbf{aB} + \mathbf{ab} + 2\mathbf{ABb} + 2\mathbf{aBb} + 2\mathbf{AaB} + 2\mathbf{Aab} + 4\mathbf{AaBb}.$$

O, come si sarebbe fatto anni dopo la sua morte, con la ben più chiara proporzione 9:3:3:1, che noi conosciamo già.

Questa proporzione identificava, in un totale di sedici incroci di seconda generazione, nove ibridi con entrambi i caratteri dominanti (per esempio, semi gialli **A** e lisci **B**), tre ibridi con il primo carattere dominante e il secondo recessivo (seme giallo **A** e rugoso **b**), tre con questi ultimi caratteri invertiti (seme verde **a** e liscio **B**) e, infine, un ibrido su sedici con entrambi i caratteri recessivi (seme verde **a** e rugoso **b**).

Se ancora l'espressione originaria di Mendel non risultasse chiara, si possono semplicemente sommare tra loro i suoi vari elementi:

- **AB** + 2**ABb** + 2**AaB** + 4**AaBb** = 9 piante con semi gialli **A** e lisci **B**;
- **Ab** + 2**Aab** = 3 piante con semi gialli **A** e rugosi **b**;
- **aB** + 2**aBb** = 3 piante con semi verdi **a** e lisci **B**;
- **ab** = 1 pianta con semi verdi **a** e rugosi **b**.

Ed ecco finalmente apparire la proporzione 9:3:3:1.

Mendel introdusse così il concetto di segregazione dei caratteri ereditari: alcuni elementi discreti, non ancora identificati, trasmettevano le informazioni da ciascuno dei genitori ai figli e poi si separavano nella formazione dei gameti. Ovviamente, mancavano ancora molte tessere al puzzle. In particolare, il processo della meiosi, in cui da una cellula adulta si formavano i gameti con metà corredo genetico, sarebbe stato descritto solo nel 1876 dal tedesco Oscar Hertwig e a livello cromosomico ancora più tardi, nel 1883, dal belga Edouard van Beneden. Mendel aveva però intuito che un qualche cambiamento dovesse avvenire a livello della formazione delle cellule sessuali, affinché i numeri tornassero.

Padre Gregor fece anche un breve accenno alle ricerche che aveva condotto per un paio di anni su piante diverse dai piselli, tra cui alcune specie di fagioli, in particolare gli incroci tra le specie *Phaseolus nanus* e *Phaseolus vulgaris*. Con alcuni incroci era riuscito a riprodurre i risultati matematicamente ineccepibili che aveva ottenuto con le piante di pisello, ma in altri casi i numeri sembravano non tornare, in particolare per quanto riguardava il colore dei fiori di alcune piante. Alcune sue ibridazioni con i fagioli sembravano non confermare quanto osservato nelle prime prove e, nondimeno, la fertilità sembrava drasticamente ridotta: da centinaia di fiori ottenne soltanto 49 semi e, l'anno successivo, di 44 piante ne fiorirono soltanto 31. Probabilmente l'intento di Mendel era quello di spingere altri ad approfondire le sue ricerche, riprodurre i suoi esperimenti e capire il perché di queste eccezioni.

Prima di concludere, padre Gregor fece alcuni accenni ai processi di speciazione, argomento che era sulla bocca di tutti da alcuni anni (*L'origine delle specie* di Darwin era stata pubblicata nel novembre 1859). Parlò di processi adattativi delle specie in risposta a modifiche ambientali e del passaggio di determinate caratteristiche alla progenie.

Mendel affermò anche:

> Nulla giustifica l'asserzione che la tendenza a formare varietà aumenti così straordinariamente da far perdere in fretta alle specie tutta la stabilità, e da far divergere la progenie in una serie infinita di forme estremamente variabili.

Insomma, padre Gregor, che probabilmente aveva impostato i suoi studi sulla ricerca della variabilità, come era tipico della scuola degli ibridisti dell'Ottocento, nei suoi esperimenti di ibridazione aveva invece trovato i meccanismi che rendevano le specie stabili generazione dopo generazione. Le modifiche, le mutazioni e le variazioni erano l'eccezione, non la regola. Ma Mendel non si dedicò con molta attenzione a questo aspetto, e questo è un vero peccato perché in questi fenomeni risiede uno dei meccanismi alla base di tutta la teoria darwiniana della selezione naturale: piccole, sporadiche mutazioni che appaiono in ogni generazione e che vengono selezionate dall'ambiente.

Alla fine della seconda conferenza ci fu probabilmente qualche domanda e un po' più di curiosità rispetto al primo incontro, ma non è da escludere che il pubblico presente, per quanto competente, non avesse capito appieno il valore di quello che veniva presentato quella sera. La matematica e la statistica applicata a questo tipo di esperimenti di ibridazione erano qualcosa di totalmente inedito ai tempi, così come l'utilizzo delle formule algebriche per la descrizione dei caratteri degli ibridi. Il tutto era stato presentato in due brevi e intense conferenze da una persona che si era immersa completamente in queste ricerche per otto anni e aveva totale dimestichezza con l'argomento. Il pubblico, invece, si confrontava per la prima volta con questi studi e, molto verosimilmente, non ebbe il tempo necessario per comprenderne l'importanza.

Alcuni mesi dopo, Von Niessl, l'organizzatore della duplice conferenza, chiese a Mendel di scrivere un riassunto delle sue ricerche. Il testo sarebbe stato pubblicato sugli atti della Società di Scienze Naturali. Così Mendel recuperò tutti gli appunti che aveva preparato e produsse quelle 47 pagine di un manoscritto che sarebbe passato alla storia, *Versuche über Pflanzen-Hybriden* (*Esperimenti sugli ibridi delle piante*).

Il saggio sulle ibridazioni di Mendel si presentava come un testo rigoroso, redatto in maniera chiara e con una grande attenzione ai più piccoli dettagli. Il disciplinato metodo di studio che aveva portato avanti nella serra si rifletteva anche in una scrittura solida, priva di fronzoli ma anche estremamente concentrata nel trasmettere le informazioni nel modo più efficace possibile. Decenni dopo, più di uno storico della scienza avrebbe speso parole di elogio per il Mendel scrittore, così asciutto e formale ma al tempo stesso esauriente e abile nel trasferire la conoscenza in maniera facilmente comprensibile anche al lettore totalmente digiuno di nozioni botaniche o matematiche.

Il già citato Sander Gliboff, storico della scienza, ha scritto:

> Dovrebbe essere evidente dal testo del lavoro di Mendel come egli stesse rispondendo alla letteratura dei botanici accademici, degli allevatori e degli ibridatori sperimentali, citando i loro risultati, affrontando le loro domande e adottando i loro metodi.

Il testo originale, scritto da Mendel con la sua calligrafia metodica e regolarissima, riportava una nota significativa in alto a sinistra, sulla sua prima pagina: *40 Separatadbrucke*, ossia 40 estratti, 40 copie in più per l'autore. Si trattava di un numero altissimo per un testo del genere, soprattutto se sommato alle 133 copie che sarebbero state inviate a istituzioni accademiche in giro per il mondo dopo la sua pubblicazione, l'anno successivo. Tra queste c'erano la Linnean Society e la Royal Society di Londra, le librerie universitarie di Vienna e Berlino e quattro università negli Stati Uniti.

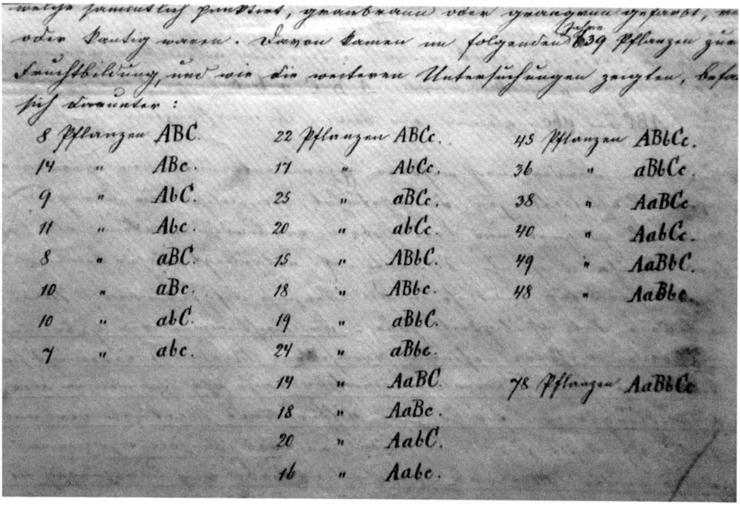

8	Pflanzen	ABC.	22	Pflanzen	ABCc.	45	Pflanzen	ABbCc.
14	"	ABc.	17	"	AbCc.	36	"	aBbCc.
9	"	AbC.	25	"	aBCc.	38	"	AaBCc.
11	"	Abc.	20	"	abCc.	40	"	AabCc.
8	"	aBC.	15	"	ABbC.	49	"	AaBbC.
10	"	aBc.	18	"	ABbc.	48	"	AaBbc.
10	"	abC.	19	"	aBbC.			
7	"	abc.	24	"	aBbc.			
			14	"	AaBC.	78	Pflanzen	AaBbCc
			18	"	AaBc.			
			20	"	AabC.			
			16	"	Aabc.			

Figura 5.2 – Dettaglio del manoscritto originale di Mendel.

Le quaranta copie destinate all'autore vennero anch'esse inviate a studiosi e istituzioni di spicco. Non di tutte sappiamo il destinatario, ma di sette di queste sono stati ritrovati gli originali:

- una copia era destinata a Karl von Nägeli, il professore di botanica dell'Università di Monaco con cui Mendel avrebbe intrattenuto un lungo e interessante scambio epistolare, del quale parleremo più avanti;

- una copia fu inviata da Mendel a Kerner von Marilaun, suo docente di botanica a Vienna, trasferitosi in seguito all'Università di Innsbruck. Le pagine di questo volume, che erano originariamente sigillate, non vennero mai tagliate. Nelle rilegature dei tempi, infatti, le pagine erano chiuse su un lato esterno e per leggerle occorreva separarle con un tagliacarte. Questo sta a significare una cosa sola: nessuno mai lesse questa copia;
- la terza copia era destinata alla facoltà di Botanica dell'Università di Amsterdam. Fu quella che venne letta da uno dei tre scienziati che riscoprirono Mendel nel 1900, Hugo de Vries;
- la quarta copia fu ritrovata nella libreria della facoltà di Botanica dell'Università di Graz, probabilmente destinata al suo ex professore Franz Unger. Anche questa non venne mai aperta, come testimoniano le pagine sigillate;
- la quinta copia è custodita nella libreria dell'Indiana University, negli Stati Uniti;
- la sesta copia si trova a Brno, nell'archivio della Società di Scienze Naturali;
- la settima e ultima copia giunta fino a noi si trova sempre a Brno, nella libreria dell'abbazia.

Nel 1866 la pubblicazione ufficiale avvenne invece sugli atti della Società di Scienze Naturali e, come abbiamo visto, molte copie vennero inviate a istituzioni accademiche prestigiose.

Il lavoro di padre Gregor non venne del tutto ignorato, dato che alcuni volumi lo citarono. Pochi anni dopo la sua pubblicazione, nel 1869, un altro scienziato, Heinrich Hoffman, citò il lavoro di Mendel su alcune specie vegetali in un suo articolo scientifico. Il testo, però, presentava alcune imprecisioni sull'elaborazione dei dati compiuta dal monaco. Secondo lo scrittore Edward Edelson, questa prima citazione avrebbe potuto spronarlo a scrivere un nuovo saggio con i suoi esperimenti più recenti, ma non lo fece, forse a causa degli impegni pressanti del suo nuovo ruolo di abate del monastero.

Il botanico russo Johannes Theodor Schmalhausen, a quanto pare, lesse e valutò positivamente il lavoro del monaco, citando il suo saggio in una nota a piè di pagina della sua tesi, nel 1874. A dimostrare l'apprezzamento dello scienziato, la nota venne aggiunta dopo che il testo era già andato in stampa. Purtroppo, però, la tesi venne inizialmente pubblicata solo in russo e la traduzione in tedesco, realizzata l'anno seguente, non incluse le note originali. Lo scienziato si disinteressò ben presto delle ibridazioni per dedicarsi alla paleobotanica e così anche questo riferimento agli studi di Mendel andò praticamente perduto.

Hugo Iltis, il primo, grande biografo di Mendel, affermò di aver letto il saggio sull'ibridazione quando era ancora uno studente del liceo, nel 1899. Sentendosi "stupito e perplesso" dall'insolita fusione tra botanica e matematica, Iltis fece leggere il saggio a un suo professore di storia naturale (di cui ignoriamo il nome), che fu anch'egli incapace di comprenderne a fondo il significato.

Mendel fu citato nel trattato del tedesco Hermann Hoffmann *Untersuchungen zur Bestimmung des Werthes von Species und Varietät* ("Studi per determinare il valore di specie e di varietà") del 1869. Il libro sarebbe a sua volta stato citato da Darwin nel suo *The Effects of Cross and Self Fertilisation in the Vegetable Kingdom* (*Gli effetti della fecondazione incrociata e propria nel regno vegetale*), senza far menzione al lavoro del monaco agostiniano. Il perché è facilmente intuibile: Hoffmann, nel suo testo, riassunse le conclusioni di Mendel in due righe piuttosto banali e decisamente superficiali. Scrisse: "Gli ibridi possiedono la tendenza nelle generazioni successive di ritornare alle specie genitrici"; riassunto decisamente incompleto, che sicuramente non attirò l'attenzione del padre dell'evoluzionismo.

Tra i testi che citarono Mendel, il più importante fu quasi sicuramente *Die Pflanzen-Mischlinge, Ein Beitrag zur Biologie der Gewächse* ("Gli ibridi delle piante, un contributo alla biologia vegetale"), pubblicato nel 1881 dal botanico tedesco Wilhelm Olbers Focke. In quest'opera l'articolo di Mendel venne citato più volte, così come il suo lavoro di ricerca su *Pisum*, *Phaseolus* e *Hieracium*.

Una copia di questo libro è tuttora presente nella biblioteca che fu di Charles Darwin. Il volume venne prestato dal padre dell'evoluzionismo a un suo allievo, George Romanes, che doveva preparare una voce per l'Enciclopedia Britannica dedicata all'ibridazione. Romanes utilizzò la sezione storica del libro di Focke per compilare il pezzo e citò anche lo studio di Mendel. Ciononostante, possiamo affermare con certezza che né Romanes né Darwin lessero mai i passaggi dedicati all'opera del monaco agostiniano: nella copia del libro in oggetto, le pagine che lo nominano sono ancora sigillate, come accadde per alcune copie del suo saggio.

Romanes, con ogni probabilità, ricopiò semplicemente il titolo dello studio di Mendel dalla bibliografia.

"I motivi per cui Darwin non lesse l'articolo di Mendel sono sostanzialmente due," mi racconta Ondřej Dostál "il primo è che Mendel pubblicò su un giornale locale, il secondo è che Darwin odiava la matematica."

■ E Darwin?

Come abbiamo visto, non esiste alcuna prova che il padre dell'evoluzionismo sia mai venuto a conoscenza dell'opera di Mendel, né alcuna ragione per sospettarlo, dato che sulla questione dell'ereditarietà Darwin dimostrò sempre tutte le sue perplessità. Creò per questo motivo una teoria tutta sua, chiamata della "pangenesi", per cercare di spiegare il meccanismo che guidava i processi ereditari.

Quello che ancora mancava alla teoria dell'evoluzione di Darwin, quando venne presentata nel 1858, era una spiegazione di come venissero trasmesse le caratteristiche dei genitori ai figli. Lo scienziato inglese non venne mai a conoscenza dei primi studi di genetica di Gregor Mendel e la scoperta del DNA arrivò circa un secolo dopo la pubblicazione de *L'origine delle specie*.

Conobbe e studiò però con attenzione il lavoro degli ibridisti delle prime decadi del XIX secolo e portò avanti esperimenti sulla loro falsariga, soprattutto sui piccioni e su numerosi tipi di piante domestiche.

Nel 1876 pubblicò anche un testo sull'argomento: *Gli effetti della fecondazione incrociata e propria nel regno vegetale*, titolo originale *The Effects of Cross and Self Fertilisation in the Vegetable Kingdom*. Cercando una legge generale sull'eredità, però, scoprì ben poco. Individuò due tipi di variazioni, che vennero definite rispettivamente continue e discontinue (queste ultime vennero chiamate *sports*, termine che oggi può essere associato, in senso lato, alle mutazioni). Si interessò maggiormente alle prime, ritenendo l'evoluzione un processo lento e graduale e non una successione di drastici cambiamenti.

Darwin propose, basandosi sulle conoscenze del suo tempo, la "teoria provvisoria" della pangenesi: i caratteri dei genitori venivano ereditati dai figli grazie alle "gemmule", microscopiche particelle presenti in ogni parte dell'organismo, che sarebbero passate alla progenie tramite le cellule sessuali.

Darwin aveva ben chiari i limiti di questa ipotesi, dato che mancavano prove sperimentali a suo sostegno. Sorprendentemente, fu proprio un suo cugino, lo scienziato Francis Galton, il primo a dimostrare l'erroneità della teoria. Tra il 1869 e il 1871, Galton effettuò infatti una serie di trasfusioni tra ceppi di conigli di colore diverso. Lo scopo era verificare se avvenisse realmente un passaggio di informazioni tramite le "gemmule" del sangue. Se ciò fosse avvenuto, tra i figli dei conigli bianchi si sarebbe potuto trovare qualche individuo nero e viceversa. Ma questo non accadde.

Mendel, al contrario, conosceva bene Darwin e le sue teorie. Nondimeno si era interessato anche a tutto il dibattito pubblico che era seguito alla presentazione della teoria dell'evoluzione per selezione naturale.

Lesse una copia de *L'origine delle specie* non appena venne tradotta in tedesco, con il titolo di *Über die Entstehung der Arten*, nel 1860. La copia posseduta da Mendel tradiva l'interesse del monaco per gli argomenti trattati dallo scienziato inglese, avendo piccole note scritte a matita agli angoli delle pagine, molte sottolineature e qualche occasionale punto esclamativo riportato a fianco di passaggi ritenuti particolarmente interessanti.

Non sappiamo se e quanto Mendel accettasse la teoria dell'evoluzione, anzi questo punto è fonte di dibattito tra gli storici, ma è certo che, pur concordando con Darwin su molti punti, su altri il monaco era decisamente lontano dalle posizioni dello scienziato inglese.

Il principale pomo della discordia era in che modo operasse il processo evolutivo: per Darwin era un processo lento, lineare, che portava le specie viventi a un adattamento sempre migliore al loro ambiente naturale. Le specie mutavano costantemente tramite "piccoli, impercettibili passi".

Mendel, dal canto suo, vedeva i cambiamenti degli organismi nel passaggio da una generazione all'altra come un processo chiuso, che implicava dei limiti evidenti: pisello verde o giallo, baccello gonfio o rugoso. L'evoluzione, secondo Darwin, era aperta a qualunque tipo di risultato; secondo Mendel, invece, applicando una visione tipica degli orticoltori dell'epoca, non lo era affatto. In ogni caso, come sottolinea la giornalista Robin Marantz Henig nel suo *Il monaco nell'orto*, "nessuno dei due vedeva la mano di Dio nel processo per cui le specie cambiano".

Un altro importante argomento sul quale i due grandi scienziati non erano d'accordo era l'eredità mescolata. La convinzione iniziale di Darwin secondo cui i caratteri si fondessero insieme per Mendel era sbagliata: i caratteri, per il monaco, rimanevano perfettamente separati e venivano trasmessi alle generazioni successive indipendentemente gli uni dagli altri.

Questo passaggio era fondamentale: l'eredità mescolata teorizzava che un carattere nuovo e, di conseguenza, raro scomparisse in poche generazioni, "diluito" dal mescolamento con i caratteri originari. E questo avveniva anche quando era particolarmente vantaggioso per l'organismo. Nell'eredità di tipo mendeliano, invece, un carattere raro ma vantaggioso per la specie poteva diventare ben più frequente nel giro di poche generazioni fino ad arrivare a essere presente in tutti gli individui.

In ogni caso, i tanti punti deboli dell'eredità mescolata frustrarono Darwin, al punto da spingerlo alla creazione della nuova teoria provvisoria della pangenesi che, come abbiamo visto, era anch'essa del tutto errata.

Nel 1862 Mendel, che non aveva mai viaggiato all'infuori delle sue tratte abituali verso Vienna e le sue terre natie, ebbe all'improvviso l'occasione di soggiornare nella stessa città in cui si trovava Darwin. In compagnia di una trentina di colleghi insegnanti della Realschule andò a Londra in rappresentanza del liceo, per presentare una mostra sulla cristallografia da loro curata. La Realschule partecipava all'evento annuale *London International Exhibition*, in cui vari espositori provenienti da tutto il mondo sfoggiavano le ultime novità in campo scientifico e tecnologico. Durante il viaggio il gruppo passò da Vienna e da varie città tedesche. Fece anche una tappa a Parigi, poco prima di attraversare la Manica. Nella capitale francese il gruppo scattò una foto, giunta ai giorni nostri, di fronte al Grand Hotel.

Arrivato a Londra, comunque, con ogni probabilità il nostro umile monaco non avrebbe potuto in alcun modo avvicinare una celebrità di fama internazionale come Charles Darwin. Tanto più che, nei giorni in cui la delegazione della Realschule giunse nella capitale inglese, Darwin era nella sua tenuta di Downe nel Kent, ad accudire il figlio dodicenne Leonard che aveva contratto la scarlattina. E, anche se per un fortuito caso del destino fosse riuscito ad avvicinarlo, le difficoltà di comunicazione non sarebbero state poche: Mendel parlava tedesco e ceco, ma non conosceva una parola di inglese.

Mi racconta il biologo Simon Mawer:

> È importante capire che molti (la maggior parte?) dei primi genetisti, possibilmente incluso lo stesso Mendel, hanno visto la nuova genetica come un'alternativa all'evoluzione darwiniana. La sintesi della selezione naturale e della genetica non ebbe luogo fino agli anni '20 con J.B.S. Haldane e altri.

Questo è un punto fondamentale: la nascita del neodarwinismo (o sintesi moderna), la dottrina che riuniva in sé la teoria dell'evoluzione per selezione naturale di Darwin e l'ereditarietà di Mendel, avvenne molti anni dopo la riscoperta del monaco nel 1900 e anche dopo la nascita stessa della genetica, avvenuta principalmente per merito dell'inglese William Bateson.

Fu un gruppo di scienziati, tra cui il succitato Haldane, l'americano Thomas Hunt Morgan e il tedesco Ernst Mayr, a contribuire alla creazione della sintesi moderna. Il neodarwinismo, però, non deve essere visto come una banale unione di darwinismo e mendelismo: in questa teoria confluirono tutti i progressi compiuti dalle scienze biologiche nei primi anni del XX secolo, compresa l'analisi dei dati della paleontologia e le basi matematiche della genetica delle popolazioni.

Parte terza

GLI ULTIMI ANNI

Nonostante l'impegno profuso da Mendel nel cercare di far conoscere al mondo scientifico il suo saggio sull'ibridazione delle piante, le sue ricerche passarono in gran parte inosservate. Il monaco non nascose una certa amarezza nello scarso interesse dimostrato dalla comunità scientifica ma, ciononostante, continuò a portare avanti i suoi interessi e le sue personali battaglie, con la dedizione che aveva sempre dimostrato.

Capitolo 6

IL SILENZIO

Non ci furono né domande né discussione. Il pubblico si disperse e cessò di pensare alla cosa.

Hugo Iltis

Le conferenze di presentazione, il saggio, gli estratti inviati in giro per l'Europa e per il mondo a scienziati e istituzioni accademiche non sortirono gli effetti sperati, anzi la delusione per Mendel fu cocente: nessuna risposta, il silenzio più totale e umiliante.

Un disinteresse così marcato da risultare deprimente, soprattutto alla luce del fatto che il monaco, con ogni probabilità, era convinto di aver individuato un qualcosa che, magari pur non essendo fondamentale, avrebbe comunque portato progressi nel campo delle ricerche sull'ibridazione e sull'eredità.

Ma realmente non ci fu alcuna reazione da parte del mondo scientifico ai risultati, così sorprendentemente perfetti dal punto di vista matematico, degli studi sui piselli?

Come abbiamo visto, alcuni autori citarono il saggio di Mendel e lo inserirono in articoli e libri, ma non ci fu il clamore che forse sarebbe stato lecito aspettarsi.

Per il Mendel scienziato, uno dei riconoscimenti più importanti arrivò dallo scambio epistolare con Karl von Nägeli, il professore di botanica dell'Università di Monaco che ai tempi era considerato uno dei massimi esperti nel campo dei meccanismi ereditari. Ma, come vedremo, la piccola soddisfazione personale di ottenere risposta da un importante scienziato non fu accompagnata da un uguale apprezzamento per il lavoro compiuto.

La prima lettera che Mendel inviò a Von Nägeli è datata 31 gennaio 1866. Qui Mendel, oltre a descrivere il suo lavoro di ricerca sulle piante di pisello, fece molte altre osservazioni che avrebbero dovuto in qualche modo stimolare la curiosità del professore, ma in cambio ottenne risposte dal tono poco più che accondiscendente.

L'atteggiamento generale di Von Nägeli fu quello del celebre scienziato che tratta con sufficienza e scarso interesse i pur ammirevoli sforzi di un volenteroso dilettante, ma viene effettivamente da domandarsi se avesse realmente letto il saggio che gli era stato inviato, viste le risposte che diede.

Definì "pure congetture" le sue osservazioni e affermò che Mendel "avrebbe dovuto considerare le espressioni numeriche come solo empiriche, perché non potevano essere considerate razionali". Questo, alla luce dell'estrema, lucida, indiscutibile razionalità di un ragionamento interamente basato su solida matematica da parte di Mendel, è forse il passaggio che in assoluto lascia più perplessi nella prima risposta del professore.

Von Nägeli disse a Mendel di non considerare l'invariabilità dei tratti come un presupposto valido in tutti i casi, sostenendo che era necessario ottenere delle controprove, realizzando ibridi di altre specie.

Nondimeno, in quella prima lettera, Mendel fece un accenno alle piante di *Hieracium* come possibile oggetto di futuri studi di ibridazione. E qui Nägeli fece un danno grave, esortando Mendel a proseguire lungo quella linea di ricerca. Il problema, però, era che le piante appartenenti a questo genere, come per esempio il comunissimo sparviere pelosetto (*Hieracium pilosella*) sono apomittiche, cioè si riproducono in maniera asessuata. Questo significa che sono in grado di produrre semi senza fertilizzazione e che, di conseguenza, possono produrre figli che sono sostanzialmente cloni dei genitori. Ma non è tutto: queste piante appartengono alla famiglia delle *Compositae* così come camomilla, girasole e margherite, e non hanno fiori singoli ma infiorescenze, ossia raggruppamenti di tanti, minuscoli fiori.

L'impollinazione manuale di fiori così piccoli è praticamente impossibile, eppure Mendel, già invecchiato e con problemi di vista che andavano via via peggiorando anche a causa di queste attività, vi si dedicò con un impegno encomiabile. Si servì di tutte le sue capacità manuali e di un microscopio per effettuare le impollinazioni, ignorando quanto fosse ininfluente tale attività ai fini della formazione della progenie in queste piante.

Il piccolo microscopio che Mendel utilizzava per questi incroci, tutt'ora conservato nel museo a lui dedicato all'interno dell'abbazia di Brno, non forniva un'illuminazione sufficiente per poter osservare con chiarezza i microscopici fiori di *Hieracium*. Per ovviare al problema, Mendel aggiunse una fonte di luce esterna orientata verso lo specchietto alla base del microscopio. Lo specchio, posto a 45°, rifletteva la luce verso l'alto, illuminando così il campione dal basso. Il risultato era un'intensa luce in trasmissione che illuminava con forza il campione e andava a colpire anche gli occhi del monaco. Dopo mesi di faticosi esperimenti, la sua vista ne risentì in maniera grave.

Al termine di questi studi "Mendel era confuso e deluso," mi racconta Ondřej Dostál "pensava che tutto il suo lavoro sui piselli fosse falso." Anche i problemi alla vista gravarono sul fisico del monaco, già segnato da una gioventù vissuta nella povertà:

> Sì, Mendel aveva molti problemi fisici. Soprattutto durante i suoi studi a Opava, Olomouc e nei primi anni nell'abbazia. I problemi psicosomatici potrebbero essere derivati dallo stress enorme e dalla scarsa e cattiva alimentazione. Di solito, quando tornava a casa, tutto andava meglio. Sai, se il tuo corpo non ha cibo buono o sufficiente, il tuo cervello ne risente. In gioventù Mendel, quando era via dal suo villaggio natale, aveva questi problemi, ma forse le difficoltà continuarono anche negli anni successivi.

Figura 6.1 – Il microscopio utilizzato da Mendel nei suoi studi di ibridazione su *Hieracium*.

C'era malafede da parte di Von Nägeli nel suggerire al monaco di dedicarsi a una pianta così poco adatta allo studio delle ibridazioni? Con ogni probabilità no, infatti l'apomissia dello *Hieracium* venne scoperta molti anni dopo. Anche secondo Dostál non c'è ragione di immaginare che ci fossero state cattive intenzioni da parte dello scienziato:

> Io non la penso così. Nägeli era la stella della biologia dell'Europa centrale, Mendel era solo un monaco. Era intelligente, ma era anche solo. E non aveva nemmeno superato gli esami di ammissione all'insegnamento. Nägeli era professore e direttore del giardino botanico. Non si aspettava grandi risultati dal monaco, anche se era

interessato alla sua ricerca (conservava le sue piante). Al massimo pensò di far fare il lavoro duro a Mendel per poi pubblicarne i risultati.

È anche probabile che lo scienziato svizzero, che già trattava gli studi di Mendel con sufficienza, avesse esortato il monaco a seguire più linee di ricerca affinché capisse che le sue supposizioni erano frutto di fretta e superficialità. Raramente un giudizio nella storia della scienza si rivelò più sbagliato di questo.

In ogni caso, con una lettera datata 18 aprile 1867, Mendel rispose a Von Nägeli cercando di difendere le sue posizioni. Spiegò nel dettaglio gli incroci che aveva realizzato e inviò insieme alla missiva dei sacchetti minuziosamente etichettati con all'interno dei piselli disidratati appartenenti alle sue linee di ricerca, che lo stesso botanico avrebbe potuto piantare come ulteriore conferma della validità degli studi del monaco. In effetti era stato lo stesso Von Nägeli a richiedere a Mendel i semi, ma, come era facile prevedere, non li piantò mai.

Lo scambio di lettere proseguì negli anni. Mendel informò lo scienziato della sua elezione ad abate, confidandogli di non essere preoccupato per i suoi esperimenti, che era intenzionato a proseguire regolarmente. Su questo aspetto, però, Mendel aveva torto: con le incombenze legate alla nuova carica, il tempo da dedicare agli incroci divenne sempre meno. In particolare gli studi su *Hieracium*, che già non stavano portando risultati soddisfacenti, naufragarono a causa dei frequenti impegni dell'abate.

Le piante, che erano state inviate dallo stesso Von Nägeli, morirono tutte durante una breve assenza di Mendel: il giardiniere, a cui erano state date comunque indicazioni molto precise, le aveva annaffiate troppo.

Nelle varie lettere, Mendel insistette sull'importanza delle sue ricerche. Osservò come gli esperimenti di ibridazione che Darwin aveva descritto nel suo *La variazione degli animali e delle piante allo stato domestico*, in particolare sulle piante del genere *Mirabilis*, dovessero essere rivisti su molti aspetti; osservò come invece i suoi studi sulle belle di notte (*Mirabilis jalapa*) riproducessero con esattezza i risultati delle ricerche sui piselli; nondimeno, l'abate fece notare a Von Nägeli come anche un altro grande scienziato, impegnato negli studi sulle ibridazioni, avesse sostenuto tesi sbagliate: il botanico francese Naudin era convinto infatti che per la fecondazione di un ovulo occorressero più granuli di polline, ma Mendel riuscì, sempre sulle belle di notte, a creare ibridi fecondandoli con un singolo granulo pollinico.

La controprova venne fatta da Mendel con due granuli pollinici, incrociando piante dai fiori rossi con piante dai fiori bianchi, per verificare come la discendenza avrebbe "scelto" solo uno dei caratteri, nonostante la doppia impollinazione. Non conosciamo i risultati di questo esperimento (il carteggio con Von Nägeli finì prima), ma oggi sappiamo come anche su questo aspetto Mendel avesse ragione.

Mendel, nella sua ottava lettera a Von Nägeli, confermò che quanto aveva precedentemente osservato nelle piante di pisello si verificava allo stesso modo nelle belle di notte (*Mirabilis*), nelle violeciocche (*Matthiola*) e nel granoturco (*Zea*).

Al di là dell'impressionante pazienza e precisione che richiedono operazioni di questo tipo, Von Nägeli avrebbe quanto meno dovuto interessarsi a come Mendel mettesse in discussione alcuni postulati del tempo per verificarli sperimentalmente. Invece il professore, pur rispondendo con cordialità a – non tutte – le lettere del religioso, dimostrò sempre una certa presunzione nel giudicare il suo operato. L'atteggiamento rimase, per tutti gli anni di scambi epistolari, quello di un luminare che giudica il lavoro di un dilettante cercando di fargli notare quanto frettolose e precipitose siano le sue supposizioni. Ma ogni singolo esperimento dell'abate non era assolutamente improvvisato e le deduzioni che ne traeva erano tutt'altro che frettolose e precipitose.

In una delle sue ultime lettere Mendel, riferendosi a suoi esperimenti di incrocio su piante del genere *Lychnis*, parlò a Von Nägeli della frequenza fissa con cui si presentavano i sessi in questi individui (in questo genere le piante sono dioiche, hanno quindi individui solo maschili o solo femminili), intuendo che dovesse esserci una sorta di fattore primordiale che influiva nella loro determinazione.

Si trattava forse di una prima intuizione del concetto di gene? Non è dato saperlo, ma è certo che i termini utilizzati dal monaco ci fanno presupporre che parlasse di un concetto nuovo. Se, infatti, sul suo saggio sulle ibridazioni del pisello aveva costantemente utilizzato, tranne un'unica eccezione, il termine *Merkmal* (carattere), in questo caso usò la parola *Anlage* (fattore) per descrivere le cause che potevano originare il sesso di queste piante.

Purtroppo Von Nägeli, che stava lavorando al suo libro *Mechanisch-Physiologische Theorie der Abstammungslehre* ("Una teoria meccanico-fisiologica dell'evoluzione organica"), in cui avrebbe parlato tra l'altro di un carattere chiamato "idioplasma" come vettore dei caratteri ereditari e di fenomeni come la dominanza e la ricomparsa dei caratteri recessivi negli ibridi dopo la prima generazione, non citò mai il lavoro del monaco. Il libro venne pubblicato nel 1884, lo stesso anno della morte di Mendel.

■ Censura e riabilitazione

Nel secondo dopoguerra, molte critiche arrivarono a Mendel dall'Unione Sovietica e dagli altri Paesi dell'Est Europa che si trovavano sotto la sua influenza. Si trattava di una scelta politica: per lunghi anni, nei Paesi a est della cortina di ferro, vennero supportate le teorie pseudoscientifiche dell'agronomo Trofim Lysenko. Costui dichiarava di essere in grado di risolvere le carestie e, più in generale, ogni problema di produttività agricola sulla base di teorie balzane, prive di qualsivoglia base scientifica. Lysenko affermava, tra le altre cose, che l'ereditarietà nelle piante fosse legata alle esperienze fatte durante la vita, riprendendo le teorie ormai superate di Jean-Baptiste Lamarck e Ivan Michurin.

Si opponeva fortemente a Darwin e Mendel, scienziati che rappresentavano due acerrimi nemici del mondo comunista, ossia i paesi occidentali e la Chiesa.
Dagli anni '30 fino agli anni '60 del XX secolo, Lysenko ebbe il pieno controllo della biologia e dell'agronomia sovietica e, conseguentemente, anche degli altri Paesi del patto di Varsavia, compresa la Cecoslovacchia.
La memoria di Mendel per lunghi anni venne cancellata in patria, osteggiata dai sostenitori di Lysenko che, a dirla tutta, non avevano sempre la possibilità di scegliere: tantissimi scienziati persero il lavoro o vennero addirittura arrestati dopo aver provato a criticare le sue discutibili teorie.
La statua di Mendel che per decenni aveva campeggiato a Brno, realizzata nel 1910 grazie alla raccolta fondi dei primi genetisti, venne nascosta per evitare che venisse distrutta. Di Mendel non si parlò più nelle scuole e nelle università della stessa nazione che gli aveva dato i natali, mentre gran parte del mondo celebrava il suo genio scientifico.
Per fortuna, poco prima del centenario della pubblicazione del suo saggio, Mendel venne finalmente riabilitato: Lysenko non era più inattaccabile e a un certo punto venne accusato di frode e rimosso da tutti i suoi incarichi dal governo sovietico, soprattutto a causa della gravissima arretratezza in campo agricolo in cui versavano le nazioni comuniste per colpa sua.
Con la caduta in rovina di Lysenko e il ritorno dei veri scienziati a gestire le politiche agricole dell'Est Europa, anche il monaco scienziato venne riabilitato e con lui le sue teorie sull'eredità. Giusto in tempo per organizzare le grandi celebrazioni per il centenario delle sue scoperte, nel 1965.

Capitolo 7

L'ABATE GREGOR MENDEL

Anche se ho attraversato tempi molto brutti nella mia vita devo, ringraziando Iddio, riconoscere che gli aspetti più piacevoli e belli sono stati prevalenti. Il mio lavoro scientifico mi ha offerto una grande soddisfazione e sono convinto che non passerà molto tempo che il mondo intero lo riconoscerà.

Gregor Mendel

L'amicizia e l'affetto dei confratelli e della famiglia erano per l'abate motivo di gioia e gratitudine ed erano in parte una consolazione al mancato riconoscimento delle sue ricerche scientifiche.

Ciononostante, la delusione per la scarsa attenzione ottenuta dai suoi studi e dal suo saggio sull'ibridazione fu molto forte e lasciò il segno. Tanto più che, negli anni a venire, Mendel dovette progressivamente abbandonare le sue ricerche e non per sua scelta.

Nel 1866, le vicende del mondo esterno entrarono di prepotenza tra le pacifiche mura del monastero. La guerra austro-prussiana, nota anche come Guerra delle sette settimane, era la naturale evoluzione dell'insostenibile frammentazione delle terre germaniche. Il conflitto vide un nettissimo successo iniziale delle truppe prussiane nella battaglia di Sadowa. I prussiani invasero l'Impero austriaco da nord e occuparono Brünn il 12 luglio. Erano ormai arrivati a poche decine di chilometri da Vienna, il cuore dell'Impero austro-ungarico.

La cavalleria prussiana occupò gli spazi del convento. Novantaquattro cavalli, con annessi cavalieri e stallieri, furono alloggiati nei suoi spazi. Sedici ufficiali delle truppe degli invasori occuparono gli alloggi di un'altra parte della struttura. Nel frattempo, dal resto della città e dalle vicine campagne giungevano voci di occupazioni indebite, espropri, soprusi da parte dei nuovi arrivati. Con gli invasori arrivò inoltre un'epidemia di colera, che uccise circa duemila soldati prussiani e un migliaio di abitanti della città. Anche alcuni monaci furono colpiti dalla malattia, per fortuna in modo lieve.

Con l'armistizio di Nikolsburg del 26 luglio 1866 e la successiva pace di Praga del 23 agosto, le truppe prussiane si ritirarono da Brünn. Finalmente, gli abitanti della città e del convento poterono ritornare alle loro vite.

Morto il suo superiore e mentore Cyril Napp, fu Mendel stesso a essere eletto abate del convento, nel 1868. Dopo un paio di votazioni infruttuose, infatti, Mendel ottenne la maggioranza dei voti dei confratelli. Mendel non votò per se stesso, ma per il suo amico František Klácel. L'unico altro candidato alla terza, definitiva votazione era Tomáš Bratránek, che però era già professore all'Università di Cracovia e restio ad abbandonare il posto per dedicarsi alla conduzione del monastero.

Mendel inoltre era gradito a tutti gli altri monaci, sia tedeschi sia cechi, per i modi pacati e per l'umiltà. Si era inoltre guadagnato un certo credito come uomo di scienza grazie al suo insegnamento alla Realschule e alla sua appartenenza a diverse associazioni culturali. Sarebbe potuto diventare un degno sostituto di Cyril Napp, che aveva elevato non di poco il prestigio del monastero come centro di studio e conoscenza. E così la votazione fu pressoché unanime.

La vita da abate, nonostante le intenzioni iniziali, lo allontanò sempre più dalle sue ricerche. Gli impegni istituzionali non erano pochi, e la mole di tempo e di lavoro che il monaco Gregor Mendel impegnava nelle ricerche scientifiche non poteva in alcun modo essere eguagliata da quella che l'abate Gregor Mendel avrebbe potuto dedicare loro.

Ciononostante, alcune sue attività scientifiche proseguirono indisturbate, come per esempio le osservazioni astronomiche, l'apicoltura e le osservazioni meteorologiche, che portò avanti con ammirevole dedizione.

Purtroppo altri campi di ricerca vennero messi in disparte e tra questi ci furono le ibridazioni dei piselli, anche a causa del parassita che aveva distrutto tutte le piante selezionate dall'abate negli anni.

Figura 7.1 – La "casa delle api" fatta realizzare da Mendel nel 1871. Ancora oggi è popolata da alcune colonie degli industriosi insetti.

Mendel fu comunque un ottimo abate. Affrontò il suo nuovo incarico con la massima serietà e dedizione. Il suo impegno per la società di Brünn fu riconosciuto dallo stesso Impero, che nel 1872 gli conferì l'Ordine imperiale di Francesco Giuseppe per i suoi meriti nella vita pubblica. Questo riconoscimento era una sorta di ordine cavalleresco dedicato alle personalità del mondo civile ed ecclesiastico.

Una delle principali occupazioni dell'abate fu una lunga diatriba col governo centrale, che si protrasse per anni. Mendel si oppose con forza alle nuove tasse di cui veniva gravata l'abbazia. Nel 1874, infatti, a tutte le strutture religiose di Brünn venne chiesto il pagamento di una nuova imposta. Il monastero avrebbe dovuto pagare 36.680 fiorini per i cinque anni successivi. Mendel prese di petto la questione e, infuriato, inviò numerose lettere di opposizione. Fu talmente coinvolto da quello che lui giudicava un sopruso che finì col parlare dell'argomento di continuo, con i confratelli ma anche con i suoi amici. Come era tipico della sua indole, quando trovava un campo in cui impegnarsi lo faceva fino in fondo, con tutte le energie mentali e fisiche a sua disposizione.

Nel 1878, l'abate ricevette la visita del giovane orticoltore C.W. Eichling. Il ragazzo, ai tempi ventiduenne, stava viaggiando nei paesi dell'Europa centrale in rappresentanza di un'azienda francese produttrice di sementi. Era interessato a conoscere le applicazioni pratiche degli esperimenti che Mendel aveva compiuto. Dati gli impegni istituzionali, l'abate non poteva più dedicarsi ad approfonditi studi statistici sulle piante da lui selezionate. Ciononostante, coltivava ancora per diletto alcune varietà vegetali di particolare pregio.

Al curioso visitatore, Mendel mostrò le sue nuove piante di pisello, vantandosi di come fosse riuscito a modellarle su determinati aspetti, come l'altezza e il tipo di seme.

Eichling, ammirato, chiese all'abate in che modo fosse riuscito a ottenere un simile risultato. Mendel rispose: "È soltanto un piccolo trucco, ma c'è una lunga storia connessa, che però richiederebbe troppo tempo per essere raccontata."

Mendel non parlò più dei suoi esperimenti sui piselli e cambiò argomento, invitando il suo visitatore a osservare gli alberi da frutto del monastero e altre coltivazioni. Eichling scrisse della sua visita al monastero moltissimi anni dopo, nel 1942. La sua impressione, al tempo, era stata quella di parlare con un appassionato che aveva effettuato qualche incrocio come puro passatempo. Non si poteva intuire, dalle sue stesse parole, l'incredibile mole di tempo e impegno che il monaco aveva dedicato negli anni a quegli studi.

Per molte persone a lui vicine, il Mendel degli ultimi anni era un uomo amareggiato, segnato dal mancato riconoscimento delle sue scoperte scientifiche. Aveva inoltre costanti malanni che ne minavano il buonumore che lo aveva sempre caratterizzato e per il quale era così benvoluto da tutti.

La salute di Mendel peggiorò progressivamente. Ai problemi di vista si aggiunse un considerevole aumento di peso. Gli anni della gioventù, spesso trascorsi soffrendo la fame, erano stati compensati dalla ricca cucina del monastero. L'abbazia e i numerosi monaci erano infatti un'ottima palestra per molte cuoche, provenienti dalle varie zone della Moravia rurale, che lì arrivavano per esercitarsi nella speranza di fare poi carriera presso qualche famiglia aristocratica viennese. Ai tempi, infatti, uno dei vanti massimi in una casa dell'Impero era avere una "cucina morava". I monaci potevano quindi godere di pasti abbondanti e di eccellente qualità e padre Gregor si era sempre dimostrato un'ottima forchetta.

Inoltre l'abate, soprattutto nei suoi ultimi anni, era diventato un fumatore accanito: come era uso all'epoca, il dottore gli aveva suggerito di fumare il sigaro per dimagrire. A completare il quadro di una salute decisamente cagionevole, Mendel soffriva anche di evidenti problemi di ipertensione.

I reni, però, si rivelarono la causa principale del suo malessere, con dolori lancinanti che si protrassero per mesi. Morì nel suo convento di Brünn il mattino del 6 gennaio 1884 per un edema causato dal morbo di Bright, detto anche nefrite, una delle più comuni malattie dei reni.

Era amato e stimato dai suoi confratelli, ma non ottenne mai alcun riconoscimento da parte della comunità scientifica del suo tempo.

I necrologi in ricordo dell'abate si concentrarono sui suoi tanti talenti e interessi, citando il giardinaggio, l'allevamento delle api, la meteorologia.

"La sua morte priva i poveri di un benefattore, il genere umano di un grande uomo dal nobile carattere, un amico affettuoso, un promotore delle scienze naturali e un prete esemplare" apparve scritto sul *Tagesbote*, lo stesso giornale locale che aveva pubblicato la notizia delle conferenze di Mendel anni addietro.

Figura 7.2 – Una varietà di *Fuchsia* coltivata al Mendelianum.

Una solenne messa di requiem venne tenuta nella chiesa dell'abbazia. La musica fu diretta da un ex allievo della scuola corale dell'abbazia, il futuro compositore di successo Leoš Janáček. Il musicista era stato scelto da Mendel stesso come organista. Forse nelle origini umili di Janáček, che da ragazzo era così povero da doversi esercitare su una tastiera disegnata sul cartone, Mendel aveva visto un riflesso di se stesso da giovane, costretto a mille sacrifici per permettersi un'istruzione.

Il corpo dell'abate venne condotto nel cimitero pubblico di Brünn, nella sezione dedicata ai monaci agostiniani.

I suoi libri vennero trasferiti nella libreria del convento. Tutte le sue annotazioni, le sue osservazioni sugli esperimenti di ibridazione, le sue carte personali vennero invece portate sulla collinetta alle spalle dell'abbazia e bruciate.

Non c'era nulla di strano o di irrispettoso in tale scelta, si trattava di un'operazione che veniva eseguita regolarmente alla morte di ogni monaco, per pura necessità di spazio e di ordine. Nessuno mai avrebbe potuto immaginare che quelle carte contenessero informazioni fondamentali sulla nascita di una nuova disciplina scientifica.

Le sue piante preferite non erano i piselli, come verrebbe da pensare, ma i delicati arbusti del genere *Fuchsia*. I loro fiorellini penduli e minuti, di colore rosso-violaceo, ancora oggi decorano un piccolo giardino su un terrazzo del Mendelianum di Brno, con eleganza e semplicità. Probabilmente erano queste le caratteristiche che li rendevano così interessanti agli occhi di padre Gregor, che si era divertito a creare incroci anche con varie specie di queste piante da fiore, ma senza avventurarsi in complessi esperimenti da seguire su più generazioni come per i piselli. Un coltivatore locale, Johann Nepomuk Twrdy, nel 1882 creò una varietà di queste piante e la dedicò all'abate, battezzandola *Prälat Mendel*.

Mendel, che era un uomo socievole ma al tempo stesso piuttosto riservato, con ogni probabilità si sentiva a disagio di fronte alla moderna tecnologia delle macchine fotografiche. Ecco perché, in più di una delle foto scattate in gruppo con i suoi confratelli, il monaco, invece di guardare l'obiettivo, osserva concentrato un fiorellino di *Fuchsia*, tenuto stretto in mano. Forse per offrire un'immagine di sé verosimile, forse per sottolineare il suo amore per la natura, chissà. Di certo sarebbe rimasto molto perplesso se avesse potuto vedere il francobollo emesso in suo onore dall'Austria nel 1984: nell'immagine che lo raffigurava, il suo fiorellino preferito era stato sostituito da uno scontatissimo fiore di pisello.

Mendel e le api

All'interno dell'abbazia di Brno un casotto di mattoni rossi, lungo una dozzina di metri e largo un paio, ospita ancora oggi un discreto numero di arnie, popolate da pacifiche e operose api domestiche. La struttura venne fatta costruire da Mendel stesso, poco dopo essere stato eletto abate. Agli inizi conteneva una quindicina di arnie, popolate nei periodi più favorevoli da una cinquantina di colonie di api.
A partire dal 1871, Mendel si dedicò agli esperimenti di ibridazione di questi insetti.
Oltre al desiderio di confermare quanto già osservato nelle piante di pisello, c'era una ragione pratica che guidava queste ricerche: Mendel cercò infatti di far accoppiare una varietà di ape locale con un'altra proveniente da Cipro, di particolare interesse perché priva di pungiglione. Il tentativo era quello di ottenere insetti produttivi allo stesso livello delle api europee, ma sprovvisti di pungiglione e quindi più facili da allevare e gestire. I risultati, dopo alcuni tentativi infruttuosi, arrivarono, ma ebbero scarso seguito: gli ibridi nati avevano le caratteristiche volute, ma erano deboli e morivano dopo pochi mesi. Mendel provò a incrociare varietà di api provenienti anche dall'Africa e dal Sud America. Studiò nel dettaglio la specie tropicale *Trigona lineata*, per la quale progettò un'arnia appositamente studiata. Di questa descrisse morfologia e comportamento nei dettagli, in collaborazione con Anton Tomaschek, uno scienziato dell'Istituto di Tecnologia di Brünn. Questi studi vennero pubblicati poi su giornali tematici, ottenendo l'apprezzamento degli addetti ai lavori.
Mendel praticava l'apicoltura con grande competenza, dato che suo padre aveva sempre allevato gli insetti nella loro tenuta di Heinzendorf. Padre Gregor, come qualunque agri-

coltore dei tempi, conosceva perfettamente il fondamentale ruolo ecologico degli impollinatori nelle sorti delle proprie coltivazioni ed era convinto che, anche su questo fronte, si potessero perfezionare le pratiche produttive.

Per alcuni autori, l'interesse di Mendel per le api era in parte connesso con la teoria ai tempi controversa – e relativamente nuova, essendo stata proposta nel 1854 – che sosteneva che i fuchi fossero generati per partenogenesi, quindi da uova non fecondate. Se tale ipotesi si fosse rivelata vera, Mendel avrebbe dovuto rivedere molte sue convinzioni. In particolare, sarebbe stato costretto a riconsiderare se i suoi fattori ereditari potessero sempre presentarsi in coppia. In effetti, negli anni tale ipotesi venne confermata da studi sempre più approfonditi: i fuchi sono aploidi, a differenza di regine e operaie che sono diploidi, e si sviluppano effettivamente da uova non fecondate, fornendo così uno dei tanti esempi di eccezione alle leggi di Mendel esistenti in natura.

A Brünn c'era un'associazione di apicoltori che era stata fondata dall'abate Cyril Napp nel 1854 e di cui Mendel era membro attivo. Sempre nella città morava, sotto la guida dello stesso Napp, venne organizzato un congresso nazionale di apicoltura nel 1865. Nel 1871, Mendel venne nominato vicedirettore dell'associazione e tre anni dopo gli venne offerto il titolo di direttore, che però rifiutò per concentrarsi sui suoi studi sulle piante.

Mendel tentò non solo di ottenere ibridi più sicuri da allevare, ma anche di migliorare la resa del miele e di ottimizzare i metodi di ibernazione delle colonie; nondimeno, cercò di confermare sulle api le osservazioni sull'eredità che aveva fatto sulle piante di pisello. Progettò un'ingegnosa gabbia dotata di schermi e porticine per cercare di controllare gli accoppiamenti delle regine. I suoi esperimenti impressionarono alcuni addetti ai lavori, come l'apicoltore ungherese Franz Kuehne, che andò a visitarlo nel 1879, e i colleghi dell'associazione di apicoltori locali. Alla fine, pur senza sviluppare una linea stabile di api domestiche con caratteristiche intermedie tra gli insetti europei e quelli esotici, ottenne comunque risultati sorprendenti, in linea con gli studi pubblicati dagli entomologi decenni dopo.

Oggi conosciamo gli esperimenti di apicoltura di Mendel solo grazie a brevi note riportate sulla rivista *Včela brněnská* (*L'Ape di Brno*). Questi trafiletti ci raccontano anche i dettagli che costrinsero Mendel, a un certo punto, a distruggere tutte le colonie: le api erano state colpite da una pericolosa malattia batterica, la peste europea o EFB (*European Foul Brood*). L'abate si rese conto che era necessario eliminare tutti gli alveari colpiti e invitò ogni altro apicoltore che si fosse trovato nella stessa condizione a fare lo stesso.

Nel 2004, gli apicoltori moravi celebrarono i centocinquant'anni dalla fondazione della loro associazione locale ricordando l'importante contributo fornito da Mendel. Ancora oggi gli studi condotti dall'abate sono conosciuti e apprezzati dagli apicoltori locali, ma non solo: il suo lavoro è particolarmente apprezzato in Giappone. Quando dei turisti nipponici vengono in visita all'abbazia, non è raro che chiedano di vedere non soltanto i luoghi delle sue ricerche sulle piante, ma anche la casa delle api che fece realizzare. Non di rado, infatti, i libri di testo delle scuole giapponesi celebrano il talento di Mendel per l'apicoltura.

Parte quarta

I PRIMI PASSI DI UNA NUOVA SCIENZA

La nascita della genetica, nei primissimi anni del XX secolo, fu segnata da tanti colpi di scena. Ci furono rivalità tra i singoli scienziati, diatribe tra scuole di pensiero ma, nonostante tutto, importantissimi progressi negli studi sull'ereditarietà.

Quegli anni, però, furono segnati anche da un altro, inaspettato evento: la riscoperta degli studi di Gregor Mendel che, da sconosciuto monaco con la passione per le ibridazioni, divenne all'improvviso il padre fondatore di una nuova, fondamentale disciplina scientifica.

Capitolo 8

LA RISCOPERTA

> *Tutti i genetisti ammisero che il saggio di Mendel era realizzato in maniera così ineccepibile che non potremmo – nemmeno ai giorni nostri – scriverlo in maniera più adeguata […] Fu un lavoro che arrivò in anticipo sui tempi ma, dopo che venne ripetuto e riscoperto, divenne uno di quei lavori immortali dello spirito umano in grado di penetrare i misteri della vita.*
>
> Bohumil Němec

E così, con l'avvento del XX secolo, venne alla luce un ammirevole lavoro, rimasto del tutto ignorato dalla comunità scientifica per trentacinque anni, che proiettò il suo umile e fino a poco tempo prima sconosciuto autore nell'olimpo dei più grandi scienziati di tutti i tempi. Addirittura, questa riscoperta gli donò l'inaspettato ruolo di padre fondatore di una nuova disciplina scientifica.

Perché il lavoro di Mendel era così importante? Ancora una volta Ondřej Dostál mi risponde:

> Ci sono due aspetti più importanti: il primo è l'uso di metodi matematici per descrivere i processi biologici. La biologia del XIX secolo era una scienza chiaramente descrittiva, i metodi sperimentali vennero dopo. Il secondo è l'incredibile previsio-

ne dei risultati da parte di Mendel. Ha lavorato con parti invisibili e fondamentali delle cellule viventi. Ha ideato l'esperimento e ha visto confermati i risultati attesi. La sua metodologia era perfetta.

La storia, nella sua versione semplificata e anche un po' romanzata che tutti gli appassionati di scienza avranno sicuramente sentito, narra che il lavoro di Mendel venne ripreso quasi in contemporanea, nei primi mesi dell'anno 1900, da tre diversi scienziati. Questi tre personaggi, a quanto sembra, scoprirono Mendel indipendentemente l'uno dall'altro e per giunta in tre nazioni diverse: Olanda, Germania e Austria.

Figura 8.1 – La figura in scala reale di Gregor Mendel conservata al Mendelianum. Sul tavolo di fronte a lui, una copia del suo saggio sull'ibridazione delle piante.

Il primo, sicuramente il più celebre del terzetto, fu Hugo de Vries, professore di botanica all'Università di Amsterdam. Lo scienziato olandese, ai tempi, era già una personalità di spicco nel campo della botanica e aveva tra l'altro pubblicato, nel 1889, il brillante saggio *La pangenesi intracellulare*, che iniziava a trattare nel dettaglio i meccanismi della trasmissione ereditaria, sospettando l'esistenza di unità discrete, racchiuse nel nucleo della cellula, che venivano trasmesse dai genitori ai figli. I "pangeni", questo il nome assegnato loro dallo scienziato, erano una sorta di omaggio a Charles Darwin e alla sua ipotesi, poi rivelatasi sbagliata, della pangenesi. De Vries era inoltre l'ideatore della teoria delle mutazioni (o mutazionismo), che ipotizzava che ogni specie animale o vegetale presentasse, nel corso della sua esistenza, una serie di variazioni improvvise, chiamate mutazioni. Queste, se sopravvivevano alla selezione dell'ambiente naturale, venivano trasmesse dai genitori ai figli.

Studiando una pianta, la *Oenothera glazioviana*, notò come alcuni suoi individui presentassero caratteristiche molto insolite nella forma delle foglie o nelle dimensioni complessive. Provò a far incrociare questi esemplari e notò come le stesse variazioni fossero trasmesse alla discendenza. Da questa osservazione, De Vries ipotizzò che i processi che regolano l'evoluzione fossero bruschi, repentini, in contrasto con la visione lenta e graduale proposta da Darwin. I cambiamenti indotti dalle mutazioni, secondo il botanico olandese, erano molto forti e immediati e non minimi e impercettibili, come suggerito dal padre dell'evoluzione.

Il secondo scienziato a cui viene tradizionalmente assegnato il titolo di "riscopritore" dell'opera di Mendel fu il giovane tedesco Carl Correns dell'Università di Tubinga. La giornalista americana Robin Marantz Henig, nel suo *Il monaco nell'orto*, descrive Correns come un valido e competente ricercatore, ma anche come un personaggio ambizioso e costantemente logorato dal timore di uno stallo nella sua carriera scientifica. In aggiunta a questo profilo caratteriale, molto verosimile stando alle fonti, Correns aveva anche una vera e propria nemesi, l'Hugo de

Vries di cui sopra. Aveva già avuto durissimi attriti in altre occasioni con lo scienziato olandese, soprattutto perché entrambi avevano affrontato campi di ricerca molto simili e il più esperto professore olandese era sempre riuscito a pubblicare i risultati per primo. D'altronde, come è noto, arrivare per primi a pubblicare una scoperta scientifica è la condizione fondamentale per evitare accuse di plagio e, aspetto non secondario, per evitare di portare avanti studi già realizzati da altri.

Il terzo riscopritore di Mendel che, come vedremo, fu una sorta di "outsider", era un agronomo austriaco di nome Erich von Tschermak. Era anche lui impegnato in studi sull'ibridazione e sull'eredità, molto simili a quelli degli altri due riscopritori e ancor più somiglianti a quelli di Mendel di decenni prima. Ai tempi era il più giovane dei tre, avendo solo ventotto anni.

Ricostruire nel dettaglio quello che accadde nei primi mesi dell'anno 1900 non è semplicissimo, dato che ci basiamo sulle testimonianze dirette dei tre interessati e di pochi altri.

Una cosa però è certa: il primo a rendere nota al grande pubblico l'opera di Mendel fu Hugo de Vries.

Il professore olandese pubblicò in quei mesi due articoli scientifici. Il primo uscì a marzo sui *Comptes Rendus de l'Académie des Sciences* di Parigi, in francese. Questo era sostanzialmente una sintesi, una versione breve del secondo, che venne invece pubblicato sugli atti della Società Botanica di Germania poche settimane dopo.

I contenuti dei due articoli riassumevano le recenti scoperte di De Vries nel campo dell'ibridazione: se due piante di linea pura che differivano per un solo carattere venivano incrociate, la progenie conteneva uno solo di quei caratteri, definito dominante; se questi ibridi venivano a loro volta incrociati nuovamente, ecco che il secondo carattere, chiamato recessivo, riappariva nella seconda generazione, e il rapporto tra dominanti e recessivi era sempre di 3:1.

Queste osservazioni suonano familiari? Ovviamente, quello che De Vries aveva descritto nel suo duplice articolo altro non era che quanto osservato da Mendel decenni prima.

Ma De Vries non si era appropriato del merito della scoperta, dato che sull'articolo più lungo, quello pubblicato sul giornale tedesco, scrisse:

> Da questi e numerosi altri esperimenti, sono giunto alla conclusione che la legge della segregazione degli ibridi, come scoperto da Mendel per i piselli, trovi un'applicazione generale a tutto il regno vegetale.

Nel primo articolo, invece, la frase corrispettiva citava la stessa legge ma non Mendel, facendo sospettare che lo scienziato olandese volesse prendersi il merito della scoperta.

La frase originale, difatti, recitava così:

> La totalità di questi esperimenti stabilisce la legge di segregazione degli ibridi e conferma i principi che ho espresso riguardo i caratteri specifici, considerati come unità distinte.

Tanto più che Mendel venne citato ben tre volte nel testo più una volta in una nota a piè di pagina nella versione estesa, ma mai in quella sintetica del pezzo. Stando a De Vries, il nome del monaco non era stato nominato solo per la necessità pratica di dover fornire un lavoro più sintetico, ma in molti non furono convinti da questa giustificazione.

Il biologo e scrittore inglese Simon Mawer, autore di *Gregor Mendel – Planting the seeds of genetics*, per esempio, non sembra persuaso dalla versione dello scienziato. Forse De Vries aveva cercato di rivendicare come sua la scoperta finché non capì che il nome di Mendel sarebbe emerso, rischiando di far diventare i suoi anni di ricerca un mero plagio? Non è un'ipotesi da escludere, ma quando ho contattato lo stesso Mawer per chiedergli una sua opinione, è stato il primo a sottolineare come De Vries abbia dato pieno credito a Mendel della scoperta della segregazione dei caratteri.

Sulle intenzioni di De Vries rimane, però, più di un dubbio: stando alla testimonianza del suo allievo Theodoor Jan Stomps, autore nel

1954 dell'articolo *On the Rediscovery of Mendel's Work by Hugo de Vries*, lo scienziato olandese venne a conoscenza dell'opera di Mendel solo per merito di un collega, il professore Martinus Willem Beijerinck dell'Università di Delft. Fu lui a scrivergli una lettera con inclusa una copia dell'articolo originale dell'abate. Ecco cosa diceva:

> So che stai studiando gli ibridi, per questo motivo forse l'estratto del 1865 che ti allego, a opera di un certo Mendel, potrà essere di tuo interesse.

Eccome se lo era! Il testo del monaco riassumeva perfettamente gli studi e le conclusioni a cui era arrivato De Vries nel corso dell'ultima decade del XIX secolo, con l'unica differenza che quell'articolo era di oltre trent'anni più vecchio.

Secondo Ondřej Dostál,

> è possibile che de Vries fosse molto arrabbiato, aveva realizzato le scoperte per conto suo per poi scoprire che il suo lavoro era stato anticipato da qualcun altro.

Lo stesso De Vries scrisse nel suo articolo:

> Questo importante trattato è così raramente citato che sono venuto a conoscenza della sua esistenza solo dopo aver completato la maggior parte dei miei esperimenti e aver dedotto da loro le stesse affermazioni contenute nel testo.

Ma c'è dell'altro. De Vries citò Mendel in un altro scambio epistolare, questa volta con il coltivatore americano Liberty Hyde Bailey, intorno al 1905. Nella sua lettera, De Vries segnalò a Bailey di aver letto il nome del monaco nella bibliografia del suo libro *Cross-Breeding and Hybridizing*. Il testo, però, era del 1892. L'autore americano poi citò Mendel in un'altra sua opera, tre anni dopo. Forse De Vries conobbe l'opera di Mendel molto prima di "aver completato la maggior parte dei suoi esperimenti", come lui stesso affermava.

Forse i suoi esperimenti furono condotti riprendendo per filo e per segno quanto già descritto nel saggio di uno sconosciuto monaco, nella speranza di presentarli poi come originali? Forse fu la lettera del collega, con allegato quello stesso saggio, a fargli capire che non gli sarebbe stato possibile spacciare per proprie le scoperte altrui?

Questa interpretazione è sicuramente affascinante, ma ben difficile da dimostrare: con ogni probabilità non scopriremo mai la verità.

Di certo, però, il secondo protagonista di questa riscoperta, Carl Correns, fu quello che più degli altri prese di petto la questione. Lo scienziato tedesco, già beffato altre volte da De Vries nella corsa a chi pubblicava per primo le relative scoperte, divenne letteralmente furioso quando vide il primo articolo del suo rivale olandese, quello pubblicato sul giornale francese e privo di citazioni su Mendel.

Correns aveva condotto esperimenti di ibridazione molto simili a quelli di Mendel e anche lui aveva fatto degli incroci con le piante di pisello, ma il suo principale oggetto di studio era il granturco. Anche lui era venuto a conoscenza del saggio di Mendel, ma non ne aveva mai parlato pubblicamente. Almeno fino al gennaio di quel fatidico 1900, quando citò sia Darwin sia Mendel in un articolo sulla xenia, il fenomeno per il quale l'avvenuta ibridazione di due varietà di una specie si può già vedere nel seme sulla pianta madre.

Ma c'era un altro aspetto particolarmente interessante, nelle vicende dello scienziato tedesco: era stato discepolo di Carl von Nägeli, l'unico scienziato che si fosse mai realmente interessato all'opera di Mendel. E di Von Nägeli aveva anche sposato la pronipote! Questo stava a significare che aveva avuto accesso alle carte dello scienziato, comprese le lettere che Mendel gli aveva inviato e, ovviamente, anche alla copia del suo saggio.

Vedere il suo rivale di sempre pubblicare un saggio sulle stesse ricerche che aveva portato avanti anche lui, presentare le stesse conclusioni e non dare il merito a quella che, con ogni probabilità, era stata la sua principale fonte di ispirazione, era per Correns una bassezza mai vista.

E così, spinto dalla rabbia, scrisse in pochissime ore un articolo e lo inviò alla Società Botanica di Germania.

> Mi è successa la stessa cosa che ora sembra accadere a De Vries: pensavo di aver scoperto qualcosa di nuovo, ma poi mi sono convinto che l'abate Gregor Mendel [...] aveva, nel corso degli anni Sessanta, non solo ottenuto gli stessi risultati attraverso vasti esperimenti con i piselli [...] ma aveva anche fornito esattamente la stessa spiegazione, per quanto fosse possibile nel 1866.

In aggiunta, Correns ironizzò sul fatto che De Vries avesse usato *esattamente* gli stessi termini "dominante" e "recessivo" che aveva coniato Mendel nel suo saggio del 1866. Una coincidenza fin troppo strana, secondo lo scienziato tedesco.

Alla fine, però, il secondo articolo di De Vries, quello completo che dava pieno merito a Mendel delle sue scoperte, uscì poco dopo. Troppo presto per Correns che, mentre era ancora intento a raccogliere le prove per dimostrare la malafede del suo avversario, vide la pubblicazione del pezzo che affossava definitivamente le sue accuse.

E quindi? De Vries forse meditava di pubblicare il suo articolo senza citare Mendel e poi arrivò il saggio che sconvolse i suoi piani?

Forse Correns stava pianificando la stessa cosa, dato che portava avanti esperimenti *molto* simili a quelli del monaco, pur conoscendo già le sue ricerche? Perché poi Correns, conoscendo l'opera di Mendel, non lo aveva praticamente mai citato pubblicamente? Sperava che il suo nome rimanesse nell'oblio?

Si viaggia nel campo delle supposizioni e forse nessuna di queste ipotesi è corretta, è ben difficile a dirsi. Simon Mawer ha anche avanzato un'altra teoria: e se fosse stato proprio Correns, pronipote di Von Nägeli e quindi a conoscenza del saggio di Mendel, a far recapitare il testo al suo rivale De Vries, per mezzo di un suo collega? In questo modo, De Vries non avrebbe più potuto sostenere di aver effettuato le stesse ricerche ignorando l'esistenza di Mendel.

Supposizione assolutamente affascinante ma, anche in questo caso, non dimostrabile. Il risultato di questa diatriba, comunque, fu finalmente un forte clamore mediatico intorno alla figura di Gregor Mendel, quando ormai erano passati oltre quindici anni dalla sua morte.

Dopo così tanto tempo, al religioso venne infine dato il meritato riconoscimento scientifico. Gli venne attribuita la legge della segregazione degli ibridi, come la chiamò De Vries, che fu detta anche "legge di Mendel" secondo le indicazioni di Correns: lo scienziato tedesco voleva evitare discussioni sulla sua paternità.

Abbiamo lasciato da parte il terzo personaggio coinvolto da queste vicende, il "riscopritore" Erich von Tschermak. Tuttavia, le insolite coincidenze che appaiono qua e là non escludono neppure il giovane scienziato austriaco, che era nipote di Eduard Fenzl, il botanico viennese con cui, si dice, Mendel ebbe una diatriba durante il suo secondo, sfortunato tentativo di ottenere l'abilitazione all'insegnamento nel 1856.

Per lo scienziato austriaco, a conti fatti, questo titolo di "riscopritore" fu una soddisfazione più che sufficiente, una stella in più da appuntare al petto. Era giovane, con una carriera scientifica molto meno di successo di quella di De Vries e forse anche di quella di Correns. Inoltre il suo saggio, fatto uscire frettolosamente subito dopo il primo articolo di De Vries, non lasciava trasparire un'interpretazione particolarmente approfondita dei dati ottenuti. E questo pur avendo anche lui compiuto più o meno gli stessi esperimenti di ibridazione di Mendel, sulle piante di pisello e su alcune varietà di fiori. Alla fine, però, dei tre scienziati che riscoprirono l'opera del monaco, fu forse quello più soddisfatto del suo ruolo, con De Vries più orientato alla ricerca del successo personale e Correns concentrato a sbugiardare l'avversario arrivato prima di lui.

Avrebbe pensato la storia a ridimensionare il suo ruolo quando, negli anni del nazismo, abbracciò non solo la politica hitleriana ma anche la folle dottrina dell'eugenetica, che propugnava l'idea di perfezionare geneticamente la razza umana. Queste scelte malaugurate avrebbero per sempre assegnato a Von Tschermak il ruolo di studioso superficiale, lontanissimo dal rigore scientifico di Mendel.

■ William Jasper Spillman, il quarto riscopritore

Nella tradizionale narrazione delle vicende di Gregor Mendel, la riscoperta dei suoi studi è legata, come abbiamo visto, ai tre nomi di De Vries, Correns e Von Tschermak, scienziati provenienti da nazioni differenti, ma tutti europei. Il Nuovo Mondo, però, ha fornito il quarto nome di uno scienziato in grado di riprodurre e riscoprire, indipendentemente dagli altri, gli studi e le scoperte del monaco agostiniano: il suo nome è William Jasper Spillman.

Spillman, tuttavia, pur essendo stato uno studioso di buona fama, non viene di solito associato alla figura di Mendel, probabilmente perché non partecipò in maniera attiva al processo di riscoperta delle ricerche del monaco iniziato nell'anno 1900 e di cui gli altri tre furono protagonisti.

Ciononostante, Spillman riprodusse le osservazioni fatte da Mendel effettuando esperimenti di ibridazione sul grano. Si trattava di studi mirati a un fine molto pratico, lontano dalla mera ricerca scientifica: lo scienziato americano mirava infatti a ottenere un grano che crescesse d'inverno per favorire i coltivatori della regione del Palouse, nel nord-ovest del Paese. Ai tempi, Spillman era infatti in forza alla Washington State University e buona parte delle sue ricerche era orientata a favorire il lavoro degli agricoltori locali. Non solo la sperimentazione del professore americano ebbe successo, ma diede il via a una linea di ricerca che va avanti ancora oggi.

La visione concreta, pratica, legata ai bisogni materiali dei contadini fu ciò che rese grande Spillman. Nato in una povera famiglia del Missouri, undicesimo di quindici figli, la sua infanzia fu segnata dalla prematura morte del padre, avvenuta quando lui non aveva ancora otto anni. Il confronto quotidiano con le difficoltà legate alla conduzione di una fattoria segnò profondamente l'inizio della sua carriera. Cominciò a insegnare nelle scuole locali sin da giovanissimo e sviluppò una sua concezione del mondo dell'agricoltura molto pragmatica che lo rese subito conosciuto e ricercato per consulenze in giro per il Paese.

Dopo aver riscoperto le leggi di Mendel, Spillman fu particolarmente abile nel promuoverle e convincere il grande pubblico della loro validità, al punto da diventare, a tutti gli effetti, un "riscopritore" al pari dei suoi più celebri colleghi europei. La sua opera fu resa nota l'anno successivo ai lavori di De Vries, Correns e Von Tschermak, nel novembre 1901, e venne intitolato *Quantitative Studies on the Transmission of Parental Characters to Hybrid Offspring.*

Il crescente prestigio e riconoscimento da parte non solo del mondo accademico ma soprattutto dei contadini resero Spillman un punto di riferimento per lo sviluppo tecnologico e scientifico dell'agricoltura americana.

La sua grande forza era un'applicazione rigorosa del metodo scientifico agli studi agrari, in cui però l'esperienza e le conoscenze degli agricoltori venivano sfruttate per evitare che la ricerca prendesse troppo le distanze dai loro bisogni pratici. Concentrò i suoi studi sullo sviluppo dell'economia rurale, sulla conservazione della fertilità dei suoli grazie alla rotazione delle colture e sul favorire i contadini nel restare al passo con i progressi scientifici.

Spillman proseguì la sua carriera di professore parallelamente al lavoro di consulente. Lavorò per il Dipartimento per l'agricoltura degli Stati Uniti, che in più di un'occasione gli diede carta bianca nella stesura di bollettini e comunicati destinati agli agricoltori americani. Era talmente apprezzato dal mondo contadino da essere diventato il *go-to guy* per qualunque tipo di problematica legata allo sviluppo della produttività dei campi, all'oculata gestione del terreno, alla scelta delle varietà da seminare. Lavorò per il Dipartimento per l'agricoltura fino al 1931, anno della sua morte.

Oltre a essere riconosciuto come l'unico padre fondatore della moderna economia agraria, il ricordo di Spillman è indissolubilmente legato al suo grande talento nella gestione pratica delle coltivazioni. La sua notorietà presso gli agricoltori era talmente grande che spesso questi dicevano: "Non mandatemi esperti, mandatemi Spillman."

Capitolo 9

NASCE LA GENETICA

Stolidamente il pubblico aveva ascoltato […] non un'anima solitaria lo aveva capito. Trentacinque anni sarebbero passati e l'erba sulla tomba dello scopritore sarebbe cresciuta ben prima che il mondo della scienza comprendesse quel formidabile momento.

Loren Eiseley

Da quel fatidico 1900 in poi le cose cambiarono profondamente. L'interesse per Mendel si accrebbe a dismisura, così come gli sviluppi di una nuova scienza che proprio in quegli anni stava prendendo forma, ma che ancora non aveva un nome.

Lo zoologo inglese William Bateson fu colui che più di ogni altro si impegnò a far conoscere al mondo la figura dell'abate scienziato.

La leggenda vuole che, durante un viaggio in treno di un'ora da Cambridge a Londra, Bateson leggesse il saggio di Mendel e ne rimanesse colpito al punto tale di decidere di stravolgere completamente la conferenza che stava andando a tenere alla Royal Horticultural Society. Invece di parlare delle più recenti scoperte nel campo della botanica e in particolare del lavoro appena pubblicato da De Vries sulla teoria delle mutazioni, Bateson avrebbe presentato alla comunità scientifica le ricerche di uno sconosciuto monaco agostiniano morto da anni.

Era l'8 maggio del 1900 e Mendel aveva trovato in Bateson il suo più convinto e accanito sostenitore, colui che avrebbe contribuito, forse anche più dei tre riscopritori ufficiali, a consegnarlo alla storia della scienza.

Non sappiamo con certezza se quel giorno, effettivamente, Bateson stravolse la sua conferenza per parlare di Mendel, né se effettivamente in quel viaggio in treno avvenne la sua epifania. Probabilmente la versione romanzata di questi eventi ha origine in Bateson stesso, che dimostrò comunque un'incredibile passione nel far finalmente conoscere al mondo anglosassone gli studi del monaco. Nel 1902 fece tradurre e pubblicare in inglese il saggio di Mendel insieme a una sua appassionata introduzione, intitolata *I principi di Mendel sull'eredità: una difesa*.

Nel pezzo, Bateson criticò apertamente la scuola dei biometristi che, in accordo con Darwin, vedevano nell'evoluzione delle specie un processo di modifica lento e costante.

Bateson e i suoi primi seguaci, che iniziarono a farsi chiamare "mendelisti", sostenevano invece che l'evoluzione avvenisse in seguito a cambiamenti "discontinui", improvvisi, da una generazione all'altra. Gli esperimenti di Mendel sui piselli, secondo loro, erano la prova evidente di questo meccanismo.

La diatriba tra mendelisti e biometristi si ampliò anche sui metodi da usare nella ricerca. Sorprendentemente, furono i biometristi il gruppo maggiormente interessato nell'utilizzare le statistiche per analizzare le teorie di Darwin, mentre i mendelisti preferirono un approccio molto più empirico. Il che è sorprendente, visto quanto importante fosse invece l'analisi matematica per il loro scienziato di riferimento.

E De Vries? Con gli anni, il suo rapporto con lo scienziato che aveva contribuito a far riscoprire fu sempre più distaccato.

Nel 1901 scrisse così a Bateson:

Per favore non si fermi a Mendel. Sto ora scrivendo la seconda parte del mio libro (*Die Mutationstheorie*, "La teoria della mutazione") che

> parla di incroci, e mi diventa più chiaro che il mendelismo è un'eccezione alla regola generale dell'incrocio. In nessun modo esso è LA regola.

De Vries non citò minimamente Mendel nel suo saggio del 1907 sull'ibridazione delle piante (*Pflanzenzüchtung*) e l'anno successivo rifiutò bruscamente di partecipare alla raccolta fondi organizzata da Von Tschermak per creare il memoriale del monaco a Brünn. Secondo il più giovane dei tre riscopritori, De Vries era invidioso dell'incredibile notorietà che aveva investito all'improvviso il monaco e per questo motivo aveva cercato sempre più di ridimensionare le sue scoperte.

Anche gli altri riscopritori ebbero però più di un dubbio sull'applicazione generale delle leggi che erano state formulate a partire dagli studi di Mendel. Correns, per esempio, scrisse che tali leggi "possono essere applicate solo in determinati casi [...] che si applichino in tutte le coppie di caratteri di tutti gli ibridi è decisamente escluso". Anche Von Tschermak, dei tre quello che forse meno aveva colto il valore delle scoperte di Mendel, pure dimostrò di avere alcune perplessità. Anni dopo la riscoperta, scrisse che si potevano notare limitazioni e complicazioni nelle sue leggi, e che lo schema di ragionamento mendeliano perdeva così la sua validità generale.

Bateson non era un grande amante dei grigi. Per lui esistevano solo bianco o nero e la sua personale battaglia nei confronti dei biometristi e della loro visione di un'evoluzione darwiniana lenta e graduale lo portò a scontri estremamente duri con i suoi oppositori. Questi antagonisti non erano visti come semplici colleghi con una visione diversa su una teoria scientifica, ma come veri e propri nemici da sconfiggere.

Lo scienziato inglese conosceva il valore delle parole e capì che gli occorreva mantenere stretti rapporti con quegli ambienti che avevano "creato" Mendel. Per questo motivo si dedicò al perfezionamento del suo tedesco. Si abbonò a diversi giornali germanici e tenne scambi epistolari con colleghi tedeschi e austriaci, scrivendo nella loro lingua.

Nondimeno strinse una buona amicizia anche con il nipote di Mendel, Ferdinand Schindler.

Bateson divenne ossessionato da Mendel al punto da emularlo anche nelle attività estranee alla scienza: iniziò a fumare la pipa, si abbonò alla rivista umoristica preferita del monaco *Die Fliegende Blätter* e si compiacque molto di sapere che anche Mendel, come lui, era un appassionato scacchista.

Ma questa ossessione, per quanto apparentemente fine a se stessa, portò anche dei lati positivi, per esempio la collaborazione di Bateson con Reginald Crundall Punnett, un suo amico zoologo dell'Università di Cambridge. Con lui riprodusse e ampliò gli studi sulle piante di pisello di Mendel. Lo stesso Punnett creò un sistema particolarmente chiaro per raffigurare graficamente le ibridazioni descritte nel saggio del 1866. In pratica, Punnett realizzò una sorta di scacchiera in cui venivano indicati tutti i possibili incroci tra i gameti provenienti dai genitori. I contributi maschili erano posti sul lato orizzontale, i femminili su quello verticale e all'interno delle caselle venivano indicati i risultati dei vari incroci, con i due alleli affiancati.

Il quadrato di Punnett fece la sua comparsa per la prima volta nel suo libro *Mendelism* del 1911, ma a questo eccellente espediente grafico venne attribuito il nome del suo ideatore soltanto dopo la sua morte, nel 1967. Ancora oggi, nei testi scolastici e sui libri divulgativi, è praticamente impossibile non imbattersi in un quadrato di Punnett quando si studiano le leggi di Mendel. Il capitolo che abbiamo loro dedicato, come abbiamo già visto, non fa eccezione.

Bateson, che aveva migliorato il suo tedesco per comprendere appieno tutte le sfumature del pensiero di Mendel, conosceva bene l'importanza del linguaggio da utilizzare per far arrivare un messaggio a destinazione. Per esempio, aveva combattuto una battaglia all'interno dell'Università di Cambridge affinché si mantenesse la conoscenza del greco come requisito di ammissione. Nondimeno, sapeva benissimo come una lingua comune, condivisa da tutti gli studiosi, fosse un elemento fondamentale per permettere che la nuova scienza prendesse forma e si diffondesse.

Così, nel 1905 Bateson coniò il termine "genetica", che derivava dal greco *genētikós*, ossia "origine" o "fertile", per indicare la nuova dottrina. Al contrario di quanto verrebbe da pensare, la scelta di questo nome non fu dettata dal termine "gene", dato che questo venne creato anni dopo, trattandosi di un concetto non ancora del tutto maturato nella comunità scientifica. Bateson ideò questa nuova parola per una necessità pratica: a Cambridge bisognava inaugurare il nuovo "Istituto per lo studio dell'eredità e della variazione", ma il professore suggerì di chiamarlo "Istituto di Genetica". La nuova istituzione non nacque mai dato che i fondi vennero destinati ad altro, ma il termine sopravvisse.

In particolare, il nome "genetica" venne unanimemente assegnato alla nuova scienza nel 1906, alla Terza Conferenza Internazionale dell'Ibridazione e della Coltivazione. Bateson ormai aveva avuto la meglio nella sua personale battaglia contro i biometristi e in particolare contro Raphael Weldon, il suo principale avversario, morto l'anno precedente a soli quarantasei anni per una polmonite.

Decise così di porre le fondamenta della nuova scienza. Propose il termine genetica come nome per la nuova dottrina, che venne ben accolto da subito. E così, l'evento si trasformò improvvisamente nella Terza Conferenza Internazionale di Genetica, pur non avendo mai avuto luogo né la prima né la seconda edizione.

Ben presto, altre parole iniziarono a essere coniate per avere un lessico comune adatto alle necessità della nuova scienza. Bateson introdusse il termine "zigote" per indicare l'ovulo fecondato, "omozigote" per le linee pure, "eterozigote" per gli ibridi e "allelomorfo" per le varie versioni di una particolare caratteristica, come seme liscio o rugoso, verde o giallo, pianta alta o bassa, termine che venne poi abbreviato in "allele".

Bateson inoltre inventò una nomenclatura apposita per indicare e spiegare nel dettaglio alcuni passaggi delle ricerche di Mendel, per esempio le sigle P_1 per indicare i genitori, P_2 per in nonni e P_3 per i bisnonni, mentre F_1, F_2 e F_3 indicavano, rispettivamente, le generazioni di figli, nipoti e pronipoti.

Ma per Bateson un linguaggio comune su cui poter basare la nuova scienza non era sufficiente, occorreva anche un punto di partenza, un modello a cui ispirarsi. E Mendel era la figura perfetta per ricoprire quel ruolo. Una figura positiva, umile, del tutto dedita alla ricerca nonostante il disinteresse dei suoi contemporanei verso ricerche, ai tempi, troppo avveniristiche. "Mendel era uno scienziato del XX secolo intrappolato nel XIX" ha scritto Robin Marantz Henig. Per certi aspetti questo è indiscutibile, vista la cronologia degli eventi che hanno coinvolto il monaco e, molto dopo, l'intera comunità scientifica.

Nel 1907, Bateson affrontò un lungo tour di conferenze negli Stati Uniti, dove venne invitato a parlare della nascente disciplina di fronte a platee di alto livello: dall'Università di Yale fino a New York, passando per Woods Hole e Boston.

Durante il suo viaggio, Bateson incontrò Thomas Hunt Morgan, astro nascente della moderna biologia americana. Da subito i rapporti tra i due non furono buoni: Morgan era critico nei confronti di alcuni esperimenti volti a dimostrare la validità assoluta delle leggi di Mendel, per esempio gli incroci tra topi effettuati dal francese Lucien Cuénot nel 1905: lo scienziato aveva ibridato topi gialli (dominanti) con altri grigi e neri, recessivi. Nella prima generazione era filato tutto liscio, con solo esemplari gialli, ma nella F_2 il rapporto di 3:1, previsto da Mendel, non si era verificato. Per due gialli, c'era un non-giallo. Questo stava a significare che c'erano altri meccanismi in atto che non erano spiegabili con le sole leggi del monaco. In questo caso specifico, come si sarebbe scoperto anni dopo, lo scienziato francese era incappato nei cosiddetti "geni letali": gli omozigoti dominanti gialli non completavano il loro sviluppo embrionale e morivano prima di venire al mondo, modificando il rapporto gialli-non gialli da 3:1 a 2:1.

Con Bateson massimo esponente del mendelismo da una parte e Morgan fortemente critico su molti assunti dati per scontati dai supporter dell'abate dall'altra, la rivalità che nacque fu simile a quella che lo scienziato inglese aveva avuto in passato con il povero Weldon. Ancora una volta, Bateson rifiutava di vedere le sfumature: o bianco o nero.

Eppure, su un argomento gli scienziati concordavano: tutti e due si opponevano alla nascente *teoria cromosomica dell'ereditarietà*. Purtroppo per loro, quell'unica idea in comune non era la più azzeccata, dato che questa teoria avrebbe risolto il *busillis* che i biologi andavano cercando da decenni: qual era il segreto dell'eredità? Qual era il misterioso elemento in grado di trasmettere le informazioni da genitore a figlio?

Ebbene, quell'elemento era nascosto in piccole strutture, annidate nel nucleo delle cellule: i *cromosomi*.

Il termine "cromosoma" venne coniato dall'anatomista tedesco Heinrich Wilhelm Gottfried von Waldeyer-Hartz nel 1889, dopo che per decenni vari scienziati avevano sfuggevolmente osservato tali strutture senza capirne del tutto la natura. Uno di questi era stato Carl von Nägeli, ma non certo l'unico: negli anni '60 del XIX secolo, per esempio, lo zoologo tedesco Oscar Hertwig aveva identificato la fusione dei nuclei cellulari dei gameti come responsabile del processo di fecondazione. Un altro tedesco, Walther Flemming, intorno al 1870 osservò e descrisse con precisione i processi di divisione cellulare, identificando quegli stessi insoliti corpi a forma di bastoncino.

Il nome "cromosoma" derivava dalla cromatina, un colorante artificiale utilizzato per le osservazioni al microscopio, in grado di rendere nere e di conseguenza facilmente riconoscibili quelle minuscole strutture.

Grazie al perfezionamento delle tecniche microscopiche, a cavallo tra XIX e XX secolo i cromosomi si iniziavano a distinguere con una buona definizione. In precedenza, invece, si era riuscito a notarli soltanto nelle fasi di divisione delle cellule. Nessuno ancora sapeva con certezza che funzione avessero, né se ci fossero differenze nella loro struttura nel passaggio dalle cellule originarie alle cellule figlie. Nel 1903, però, un biologo della Columbia University di nome Walter Sutton pubblicò un articolo che indicò i cromosomi come i portatori fisici dei caratteri ereditari identificati da Mendel.

Il campo di studio di Sutton erano le cavallette del genere *Brachystola*: questi insetti avevano grandi cromosomi, facili da osservare. Il giovane scienziato americano studiò nel dettaglio le divisioni cellulari nelle cellule di questi insetti. Vide 23 cromosomi totali, suddivisi in 11 coppie di cromosomi simili per forma e dimensione, più uno singolo, chiamato accessorio, che in seguito avrebbe preso il nome di cromosoma X.

Alle coppie di cromosomi omologhi, secondo Sutton, corrispondevano le coppie di caratteri ereditari di cui aveva parlato Mendel. Le osservazioni al microscopio gli diedero ragione.

Quando si formavano i gameti, infatti, i cromosomi appaiati avevano una struttura simile; poi le coppie di cromosomi si separavano e andavano in due diverse cellule figlie. Questa era la conferma che la formazione delle cellule sessuali prevedesse un dimezzamento dei caratteri ereditari provenienti dai genitori. Questa idea era già stata proposta dal tedesco Friedrich Weismann quindici anni prima, ma mai dimostrata sperimentalmente.

Le osservazioni di Sutton spiegavano anche altre scoperte fatte da Mendel, come il fatto che i gameti potessero contenere solo una forma (allele) per ogni carattere ereditario o come il numero di gameti contenenti un determinato allele fosse uguale a quello dei gameti che contenevano l'altro.

La conferma alle idee di Sutton arrivò da uno scienziato tedesco, Theodor Heinrich Boveri, che sviluppò la stessa teoria, indipendentemente dallo scienziato americano. Osservò le coppie di cromosomi in tanti organismi viventi, tra cui il grillotalpa, il gatto, la salamandra, il lombrico, la betulla, il pomodoro, l'uomo. Fece inoltre esperimenti con i ricci di mare e osservò come, tentando di modificarne il numero naturale di 36 cromosomi in laboratorio, non si formassero individui vivi o con tutti gli organi sviluppati correttamente. Le osservazioni di Boveri sull'invariabilità del numero di cromosomi per ciascuna specie erano il perfetto completamento di quanto osservato da Sutton.

Si iniziava finalmente a ipotizzare come, dentro a quelle microscopiche strutture nascoste all'interno del nucleo di ogni singola cellula, potessero risiedere le informazioni fondamentali che venivano tramesse di generazione in generazione, di padre in figlio. Nel 1904, così come era stato per i riscopritori di Mendel, due scienziati che mai si erano conosciuti e che avevano portato avanti il loro lavoro in nazioni diverse, si trovarono riuniti in una delle più importanti leggi della biologia moderna: la teoria dell'ereditarietà cromosomica di Sutton-Boveri.

Figura 9.1 – "Oggi in vendita!" dichiara Mendel tenendo in mano un piatto di piselli, su un manifesto esposto all'esterno dell'abbazia di Brno.

Bateson e Morgan, che si trovavano uniti nell'osteggiare questa teoria, erano però divisi sulle motivazioni: Bateson cercava ipotesi alternative. In particolare, si era innamorato di una sua idea, la teoria vibratoria dell'eredità, fondata su leggi di forza e movimento, che avrebbe dovuto spiegare le mutazioni degli organismi, ma anche la presenza di elementi ripetitivi e sinuosi in natura, come le onde del mare o le strisce delle zebre. Questa supposizione, molto forzata, non ebbe mai successo tra i suoi colleghi.

Per Morgan, invece, il discorso era diverso. Scrisse così:

> Dato che il numero di cromosomi è relativamente basso mentre i caratteri sono numerosi, si deve dedurre che molti caratteri devono essere contenuti nello stesso cromosoma. Di conseguenza, molti caratteri dovrebbero trasmettersi insieme nelle ibridazioni. I fatti si presentano secondo i requisiti di questa ipotesi? A me non sembra.

L'obiezione, in questo caso, era lecita, dato che in seguito si scoprì che molti caratteri ubicati sullo stesso cromosoma non segregano indipendentemente: questi avrebbero preso il nome di *geni associati*.

Così, avendo le leggi di Mendel finalmente una base fisica, reale, osservabile, cominciarono a spiegarsi anche alcune eccezioni alle sue leggi. La perfezione dei risultati ottenuti con le piante di pisello non era stata replicata dal monaco in *Hieracium* o dal francese Cuénot con gli ibridi tra conigli gialli e non-gialli. Il perché di queste eccezioni aveva, così come la teoria di base, spiegazioni pratiche: *Hieracium* si autofecondava e quindi non si ibridava, mentre il rapporto tra conigli gialli e non gialli era di 2:1 e non di 3:1 come diceva Mendel perché, come abbiamo visto, l'associazione di due caratteri gialli non portava alla formazione di embrioni viventi nei conigli.

Morgan, vedendo la forza delle prove a suo favore, dopo alcuni anni accettò la teoria cromosomica dell'ereditarietà e se ne fece suo sponsor. Anche Bateson, alla fine, dovette soccombere e ammise, pur controvoglia, che non c'erano altre spiegazioni plausibili.

Nel 1909 al vocabolario della neonata scienza si aggiunse il termine più importante di tutti: Wilhelm Johannsen, professore di fisiologia vegetale a Copenaghen, propose il termine "gene". Questo vocabolo indicava quel fattore discreto, trasmesso da genitore a figlio, che portava in sé le informazioni legate a un singolo carattere.

Il termine non deriva dalla "genetica" di Bateson, ma dal "pangene" di De Vries, che era a sua volta un omaggio alla "pangenesi" darwiniana.

A differenza di Bateson, che aveva voluto identificare nella nuova disciplina una scuola di pensiero legata a Mendel e, ai tempi, opposta a Darwin, Johannsen non aveva alcuna intenzione di dare una connotazione specifica, basata sulle sue preferenze personali, alla parola che aveva appena creato: con i progressi della scienza e della biologia cellulare si sarebbe capito per bene che cos'era un gene.

Lo scienziato danese aggiunse altre due parole importantissime al dizionario della genetica: identificò con la parola "genotipo" l'insieme di tutti i geni presenti in un organismo vivente, mentre con "fenotipo" l'insieme di tutte le caratteristiche da lui manifestate.

Thomas Hunt Morgan, ormai conscio dell'importanza dei cromosomi nella trasmissione ereditaria, si dedicò a studiare quello che oggi è forse l'organismo più amato dai genetisti: il piccolo moscerino della frutta (*Drosophila melanogaster*).

Il perché di questo apprezzamento è chiaro: *Drosophila* si alleva con facilità e costi limitatissimi in spazi piccoli, si nutre di frutta marcescente e non ha particolari altre esigenze per sopravvivere e riprodursi. Inoltre, ha solo quattro coppie di cromosomi, che sono anche molto grandi e facili da osservare al microscopio. E, soprattutto, questi insetti raggiungono la maturità sessuale nel giro di una settimana. Il che vuol dire che non bisogna aspettare mesi o un intero anno (come Mendel con i piselli) per esaminare due loro generazioni consecutive.

Ogni femmina di *Drosophila*, inoltre, depone centinaia di uova. Se occorrono grandi numeri per avere dati statistici significativi, ecco che il nostro piccolo moscerino, nonostante i suoi soli tre-quattro millimetri di lunghezza, si dimostrerà l'animale dei sogni per qualunque genetista dedito a studi sull'eredità.

Morgan era estremamente volenteroso, ma la fortuna non sembrava sorridergli. Lo scienziato americano si rifaceva alla teoria delle mutazioni di De Vries, che prevedeva la comparsa improvvisa, da una generazione all'altra, di individui con caratteri del tutto nuovi. Per questo motivo, cercava moscerini con caratteristiche mai viste prima.

Ma, dopo due anni passati a bombardare i pacifici moscerini di raggi X, tossine e componenti chimici di vario genere nella speranza di notare la comparsa di qualche insetto dall'aspetto inedito, Morgan non vide nulla. Il suo collega Fernandus Payne provò ad allevare gli insetti al buio, nella speranza di selezionarne qualche individuo privo di occhi dalla nascita, ma rinunciò per frustrazione dopo 69 generazioni. Questa lunga serie di fallimenti si protrasse fino ai primi giorni del 1910, quando, in mezzo a migliaia di esemplari con gli occhi rossi, Morgan ne notò uno con gli occhi completamente bianchi.

Capendo l'importanza della sua scoperta, lo scienziato raccolse delicatamente l'individuo e lo conservò all'interno di un barattolo, che portò a casa con sé. Lo tenne sul comodino, a fianco del letto in cui, in quei giorni, dormiva da solo: sua moglie Lilian era in ospedale, impegnata a partorire suo figlio. Quando Morgan andò a trovarla, la leggenda vuole che la moglie, come prima cosa, gli chiese informazioni sul moscerino e che, solo dopo una lunga e accurata descrizione del prezioso insetto, lo scienziato si premurò di chiedere come stava il loro bambino.

Dopo una settimana, il moscerino dagli occhi bianchi aveva raggiunto la maturità sessuale. Dagli incroci che Morgan effettuò nacquero ben 1237 ibridi e tutti, nessuno escluso, avevano gli occhi rossi. Si trattava quindi di una indiscutibile conferma della legge della dominanza di Mendel: gli occhi rossi erano dominanti, quelli bianchi recessivi.

Incrociando tra di loro questi ibridi, nella generazione F_2 anche la legge della segregazione di Mendel venne confermata: gli esemplari di *Drosophila* erano suddivisi in un rapporto di 3:1 tra dominanti con gli occhi rossi e recessivi con gli occhi bianchi. Questo andava anche a smentire le convinzioni di Morgan sull'eredità mescolata: niente occhi rosa, erano tutti o rossi o bianchi.

E fin qui, gli esperimenti su *Pisum* di Mendel erano stati perfettamente riprodotti sui minuscoli insetti che popolavano il piccolo laboratorio di Morgan alla Columbia University. Ma c'era un dettaglio in più questa volta, un aspetto che non si era mai presentato negli esperimenti sui piselli e riguardava il sesso dei moscerini dagli occhi bianchi: erano tutti maschi.

Più nello specifico, mentre le femmine di seconda generazione erano tutte con gli occhi rossi, metà dei maschi aveva gli occhi rossi mentre l'altra metà li presentava bianchi. Il rapporto totale era sempre di 3:1, ma in più c'era questo inedito legame con il sesso degli esemplari.

Morgan intuì rapidamente che si trattava di un carattere legato ai cromosomi sessuali. I biologi del tempo avevano infatti già capito che le femmine erano omozigoti per quei cromosomi (XX), mentre i maschi avevano un lungo cromosoma X associato a uno più piccolo e corto, identificato con Y. Nello specifico, il gene degli occhi bianchi che Morgan aveva individuato risiedeva sul cromosoma X.

Se, infatti, una femmina aveva il gene recessivo su un suo cromosoma X, questo era mascherato nella sua espressione esterna dall'altro cromosoma X su cui era presente l'allele degli occhi rossi, mentre nei maschi il cromosoma Y non portava un corrispettivo allele a nascondere gli effetti del gene mutante.

Nota a margine: è comunque possibile che una femmina di moscerino della frutta abbia gli occhi bianchi, ma solo nel raro caso in cui entrambi i cromosomi X portino il gene di questo carattere. Non era però il caso di questo esperimento.

Morgan intuì che quando un carattere si presentava in maniera nettamente più frequente nei maschi, il suo gene era, con ogni probabilità, presente sul cromosoma sessuale X. Ben presto si iniziò a parlare di "caratteri legati al sesso", ossia regolati da geni situati sui cromosomi sessuali. Per questo motivo tali caratteri non sempre seguono le leggi di Mendel.

Morgan definì la caratteristica degli occhi bianchi una "mutazione", ispirandosi alla teoria delle mutazioni di De Vries. La scelta di questo termine, anch'esso fondamentale per gli sviluppi della genetica, portò però a qualche fraintendimento, soprattutto perché per De Vries le mutazioni riguardavano principalmente l'aspetto esterno degli organismi (e di conseguenza anche la loro evoluzione), mentre per Morgan queste interessavano il loro patrimonio genetico. Molti anni dopo si iniziò a utilizzare il termine "mutazioni genetiche" per riferirsi ai fenomeni descritti da Morgan, evitando così confusione nei termini.

Il genetista americano William Ernest Castle diede un altro importante contributo allo studio delle mutazioni. A partire dal 1901 iniziò a interessarsi all'eredità mendeliana nel mantello di alcuni mammiferi. Ratti, porcellini d'India, conigli e topi popolarono così il suo laboratorio. Le sue ricerche dimostrarono come anche piccole variazioni fossero poi selezionate dall'evoluzione, che quindi poteva agire anche lentamente e gradualmente, come teorizzato da Darwin.

Infine, il biologo inglese Cyril Dean Darlington scoprì il meccanismo di scambio del materiale genetico tra cromosomi, trovando così una spiegazione meccanica delle mutazioni.

Gli studi combinati di Morgan, Castle e Darlington contribuirono a comprendere che le mutazioni erano poco frequenti e, molto spesso, svantaggiose dal punto di vista evolutivo. Quando, però, si rivelavano utili all'organismo che le portava, ecco che la loro propagazione attraverso le popolazioni veniva guidata dalla selezione naturale. L'evoluzione favoriva di conseguenza quegli individui portatori della mutazione favorevole, a discapito degli altri.

Cominciava a prendere forma la sintesi moderna, la riconciliazione tra darwinismo e mendelismo. Entrambi gli scienziati avevano avuto ragione, ora si trattava solo di mettere insieme tutti i pezzi del complesso puzzle dei meccanismi che regolavano la vita sulla Terra.

Ronald Fisher combinò le leggi di Mendel, la teoria cromosomica dell'ereditarietà e la teoria della selezione naturale di Darwin nel suo libro del 1930 *The Genetic Theory of Natural Selection*. L'evoluzione per selezione naturale di Darwin iniziava così ad avere anche una robusta base matematica e la nuova branca della genetica delle popolazioni prendeva forma pian piano.

L'espressione "sintesi moderna" venne poi coniata da Julian Huxley nel suo libro del 1942 *Evolution: The Modern Synthesis.*

A Morgan venne assegnato il premio Nobel per la medicina nel 1933, proprio per i suoi studi sui cromosomi e sulla loro importanza nella trasmissione dei caratteri. Un risultato decisamente poco prevedibile, vista la sua iniziale ostilità alla teoria cromosomica dell'ereditarietà.

■ Le malattie ereditarie umane

Agli inizi del XX secolo, un dottore inglese di nome Archibald Edward Garrod per primo applicò le teorie di Mendel all'uomo, al fine di spiegare la trasmissione ereditaria di alcune malattie. Nel 1902, Garrod descrisse una malattia estremamente rara, l'alcaptonuria, in grado di rendere nera l'urina esposta all'aria.

Garrod riuscì a ricostruire la trasmissione della malattia attraverso le generazioni di diverse famiglie e dimostrò come tale condizione fosse un carattere "mendeliano recessivo", il primo identificato con certezza nella specie umana. Con questa e altre ricerche, Garrod pose le basi per gli studi medici sugli errori congeniti del metabolismo e, più in generale, per la ricerca sulle malattie genetiche. Tra i suoi successori ci furono il britannico Joseph Adams, che studiò la trasmissione ereditaria della polidattilia, il francese Jérôme Lejeune, che associò la sindrome di Down alla presenza di una terza copia del cromosoma 21 umano (detta trisomia 21), e l'americano Victor Almon McKusick, che pubblicò nel 1966 il primo indice dei fenotipi umani conosciuti e delle eventuali malattie a essi collegate. Quest'ultimo divenne particolarmente celebre in seguito agli studi sulle malattie ereditarie che condusse presso la comunità religiosa degli amish.

Ancora oggi, un'importante parte del lavoro di ricerca in campo genetico è orientata alla prevenzione e alla cura di queste patologie ereditarie che, si stima, coinvolgano più di cinquemila geni differenti nell'uomo.

Capitolo 10

IL RICORDO E IL MITO

La qualità principale del genio non è la perfezione ma l'originalità, l'apertura di nuovi confini.

Arthur Koestler

Mendel era diventato l'eroe, l'icona della nuova scienza, così come Bateson aveva fortemente voluto. Difficile dire se la crociata dello scienziato inglese fosse stata giusta. In quegli anni di certo ci fu più di una forzatura, come abbiamo visto, per stabilire quali fossero i dogmi della genetica. A chiunque decidesse di dedicarsi allo studio di questa nuova disciplina venivano così offerti un pensiero di base, un percorso predefinito da seguire, un modello sacro e intoccabile da idolatrare. Non si trattava di puri dati scientifici e teorie, bensì di un'ideologia, di una filosofia, persino di una linea "politica" da seguire. Ma la scienza, proprio perché è insito nella sua natura il mettere in discussione qualunque supposizione e il suo scopo ultimo è arrivare alla conoscenza, non può e non deve funzionare come aveva desiderato Bateson.

Lo scontro con i darwinisti fu sicuramente la scelta più grave fatta dallo zoologo di Cambridge, ma non fu l'unica. Anche la designazione di Mendel come padre spirituale della nuova scienza fu una scelta quantomeno discutibile. E questo non perché i suoi studi non fossero stati straordinariamente all'avanguardia rispetto ai suoi tempi o sviluppati in maniera mirabile, ma perché avevano contribuito solo in minima parte alla nascita della genetica, dal punto di vista strettamente pratico.

Mendel trascorse trentacinque anni nel dimenticatoio. Soltanto dopo questo lunghissimo periodo, quando i tempi furono finalmente maturi, altri scienziati arrivarono alle sue stesse conclusioni, compiendo esperimenti molto simili. Un umile religioso dell'Est Europa aveva anticipato di decenni i più grandi botanici di inizio XX secolo. Non era Mendel, nonostante i suoi enormi meriti, ad aver fatto nascere la genetica, la genetica era nata spontaneamente quando le conoscenze scientifiche erano maturate al punto da portare alla sua nascita. Mendel era più un'icona, il simbolo dell'umile scienziato dilettante ignorato dai suoi contemporanei che, con pazienza e dedizione, testardaggine e un metodo rigoroso, poteva comunque giungere a grandi scoperte.

Era un modello, un eroe, un mito: quello di cui la genetica aveva bisogno per diventare la scienza più all'avanguardia del XX secolo, una disciplina in grado di prevenire le malattie e garantire ricchi raccolti, di migliorare le condizioni di vita dell'umanità e di assicurarle un futuro glorioso. La sua esaltazione era stata una intelligentissima scelta di immagine.

Beninteso, i meriti di Mendel furono immensi, in particolare per quanto riguarda la decisione di affiancare una base matematica e statistica, e quindi perfettamente quantificabile, a normali studi di biologia. L'applicazione di un metodo così preciso e meticoloso, l'osservazione fatta su grandi numeri, quindi con valore statistico, e la loro successiva elaborazione e interpretazione, per arrivare, infine, alla mirabile chiarezza del saggio in cui venivano presentati i risultati ottenuti rimangono una testimonianza indelebile di un genio assoluto, un genio che ha sicuramente segnato la storia delle scienze della vita. Nessuno, ai suoi tempi, aveva mai compiuto studi sull'eredità in quel modo. Tuttavia, nell'anno 1900, ormai, la scienza era progredita per conto proprio, senza aver sfruttato le scoperte di quella mente grandiosa, che avrebbero probabilmente accelerato i tempi di molte ricerche nel campo. La sua esaltazione era quindi nient'altro che una scelta di facciata, pubblicitaria, per una nuova disciplina che necessitava visibilità.

Dieci anni dopo, seguendo quella stessa filosofia, la genetica decise di dedicare a Mendel il tributo che meritava e che mai aveva ottenuto in vita.

Era domenica 2 ottobre 1910. Un grande gruppo di persone si era radunato in Klosterplatz, un'ampia piazza nel cuore di Brünn. Un nuovo monumento era coperto da un ampio telo. Era il giorno della sua inaugurazione. Si trattava della statua di quello che, da lì a pochissimi anni, sarebbe diventato il più celebre personaggio ad aver mai vissuto in quella città dell'Impero austro-ungarico.

Sarebbe stato definito il padre di una nuova scienza, un titolo attribuito a ben pochi personaggi nel corso della storia.

A fare gli onori di casa c'era Hugo Iltis, un professore di biologia della Realschule, che sarebbe diventato il primo biografo del suo illustre predecessore.

Venne invitato a salire sul palco William Bateson. Lo scienziato inglese provava un forte imbarazzo ogni volta che era costretto a parlare in pubblico e, nondimeno, la marsina che gli avevano fatto indossare lo metteva a disagio. Bateson si fece coraggio, dimenticò la sua paura da palcoscenico e utilizzò il suo intervento per tessere le lodi del padre fondatore della genetica, per celebrare i suoi meriti scientifici e per raccontare la sua sfortuna nel non averli visti riconosciuti in vita. Terminò il suo breve discorso citando *L'inno alla gioia* di Schiller, poema poi ripreso dalla nona sinfonia di Beethoven: "*Alle Menschen werden Brüder*" disse, ossia: "Tutte le persone diventano fratelli".

Era presente un coro maschile, che eseguì un paio di brani. Terminato l'intermezzo musicale, il monumento venne finalmente scoperto.

Era ben lontano dall'immagine dell'umile monaco chino sulle pianticelle di pisello, nello stretto della sua serra, che forse meglio lo avrebbe descritto. Si trattava di un'opera voluminosa, con un'imponente base a gradoni che sosteneva una statua dell'abate in marmo bianco. La figura di Mendel aveva le braccia aperte, come in segno di accoglienza. Sul blocco che sosteneva la statua del monaco un bassorilievo raffigurava due personaggi inginocchiati che si stringevano la mano, raffiguranti la sessualità e la fertilità, ovvero i meccanismi portanti dell'ereditarietà. La statua era stata realizzata dall'artista locale Theodor Charlemont, nativo della città morava di Znojmo.

Bateson scrisse in seguito a sua moglie di aver trovato la statua "banale e scioccante nella sua grossolana assurdità". Il perché di parole tanto dure non venne mai spiegato, ma probabilmente si riferiva a una pomposità eccessiva che poco si addiceva al personaggio. Per alcuni, la causa di questo sconcerto poteva essere l'iscrizione sul bassorilievo, esclusivamente in tedesco, che si traduceva in uno smacco per la maggioranza ceca della città e per l'abate che ai tempi conduceva il monastero, il ceco Franciscus Salesius Bařina. Poteva trattarsi anche di un eccessivo "abbellimento" dei lineamenti del monaco, resi più simili a quelli di una divinità romana o greca che al suo reale aspetto di uomo dell'Est Europa dal volto largo e squadrato.

Figura 10.1 – Il bassorilievo alla base della statua di Mendel.

Pur non trattandosi di un'opera memorabile, queste critiche risultano comunque eccessive. Il monumento in sé rappresentava indubbiamente un bellissimo tributo a Mendel. I fondi per la creazione della statua, infatti, erano stati raccolti grazie all'impegno di tanti scienziati che avevano finanziato l'evento. Dei tre riscopritori ufficiali il più entusiasta era stato senza alcun dubbio Von Tschermak, che si era prodigato nel contattare scienziati in giro per il mondo per racimolare le quattromila corone necessarie per la creazione del monumento. Correns, dal canto suo, aveva soltanto messo la firma nella raccolta fondi senza fare altro, mentre De Vries, quello che più degli altri ambiva alla gloria personale più che a quella di riflesso, rifiutò seccamente di partecipare.

La storia del monumento, di lì in avanti, sarebbe stata piuttosto travagliata: nel 1950, quando in Cecoslovacchia imperavano le teorie pseudoscientifiche di Lysenko, l'esercito rimosse la statua senza la sua base a gradoni e la ripose in un cortile secondario dell'abbazia. Poco tempo dopo ci fu il rischio concreto che il monumento venisse distrutto, ma per fortuna la minaccia non venne mai messa in pratica.

Nel 1964, con Nikita Chruščëv che aveva posto definitivamente fine al delirio di Lysenko, arrivò una prima rivalutazione di Mendel nella Cecoslovacchia comunista. La statua venne così portata, senza la base originaria, così pacchiana e fuori luogo, nel cortile principale dell'abbazia. Dal fondo del giardino, Mendel sembrava osservare con soddisfazione i luoghi dove per anni aveva portato avanti le sue ricerche.

Nel 1989, con la "rivoluzione di velluto", in Cecoslovacchia cadde il comunismo, senza che venisse sparsa una goccia di sangue. Mendel poteva così essere completamente riabilitato.

Poco dopo si pensò di riportare il monumento nella sua collocazione originale, nella Klosterplatz (che nel frattempo era diventata Mendelplatz). In molti intuirono che si trattava di una scelta sbagliata. E così la statua rimase lì, nel cortile dell'abbazia, dove ancora oggi osserva il grande prato e gli spazi dove un tempo si trovava la sua serra. Da allora, due volte all'anno, in primavera e in autunno, i giardinieri del monastero piantano due file di pianticelle di pisello alla base del monumento.

■ Mendel il meteorologo

Sebbene oggi la memoria di padre Gregor sia legata ai suoi studi sull'ereditarietà, nondimeno in vita il monaco agostiniano riscosse un discreto successo presso la comunità scientifica per i suoi meticolosi studi di meteorologia.
In totale Mendel pubblicò tredici studi scientifici, di cui ben nove dedicati a questa disciplina.
Le prime osservazioni meteorologiche continue a Brünn vennero fatte dal fisico Paul Olexík, a partire dal primo gennaio 1848. Mendel era un buon amico dello scienziato e iniziò molto presto a collaborare con lui nella raccolta dei dati. Inizialmente le misurazioni vennero effettuate al numero 100 della vicina via Pekařská. Dopo poco tempo, però, i dati furono presi direttamente nel giardino dell'abbazia di Brünn. Ancora oggi, nella stessa abbazia, è possibile vedere i vecchi registri con le misurazioni della temperatura, della pressione, della velocità del vento, delle ore di insolazione giornaliera. Queste informazioni venivano raccolte tre volte al dì (alle sei del mattino, alle due del pomeriggio e alle dieci di sera). Solo dopo essere diventato abate, Mendel lasciò – molto raramente – l'incombenza a qualche suo discepolo.
Per molti anni, Mendel comunicò con regolarità i dati raccolti all'Istituto meteorologico centrale di Vienna. I dati sul tempo atmosferico venivano successivamente utilizzati per le previsioni del tempo. Il monaco stesso fu uno dei fondatori della Società meteorologica austriaca. Dal 1863, Mendel pubblicò i risultati delle sue indagini sul tempo atmosferico, suddivisi per anno e intitolati *Osservazioni meteorologiche in Moravia e Slesia*.
Quando, il 13 ottobre del 1870, sulla città morava si abbatté una tromba d'aria, Mendel la osservò attentamente dall'ab-

bazia e la descrisse in un dettagliato saggio. Come per i suoi studi sull'ibridazione, anche in questo caso la pubblicazione dello studio venne preceduta da una conferenza pubblica presso la Società di Scienze Naturali, il 9 novembre 1870.

La presentazione fu molto approfondita e dettagliata: Mendel raccolse le osservazioni di altri testimoni diretti dell'evento, descrisse nel dettaglio il percorso seguito dalla tromba d'aria e i danni che aveva causato, tutti molto inusuali per quel tipo di fenomeno in Moravia. Lo studio che ne seguì, pubblicato nel 1871 col titolo *Die Windhose vom 13 October 1870*, fu molto apprezzato dagli esperti del settore. Mendel dimostrò un'approfondita conoscenza dell'argomento, dell'evento meteorologico in sé e in particolare dei fenomeni elettromagnetici a esso collegati.

Non deve stupire l'interesse del monaco per la scienza del tempo atmosferico: ogni appassionato di coltivazione sa perfettamente quanto il successo di un raccolto dipenda strettamente dal clima e da un'adeguata conoscenza della sua variabilità.

Tra le sue altre osservazioni, Mendel si accorse di come ci fosse una temperatura mediamente più alta in centro città rispetto alla periferia: oggi conosciamo bene questo fenomeno, dovuto in buona parte al fatto che le costruzioni trattengono maggiormente il calore rispetto alle piante e ai terreni nudi.

Mendel inoltre misurò con regolarità l'altezza dell'acqua in un pozzo, per verificare quanto risalisse o scendesse la linea di falda, interrogandosi se in qualche modo questo valore potesse essere connesso con la comparsa di epidemie.

Il monaco si dedicò con passione anche all'astronomia. Nel piccolo museo di Mendel a Brno è ancora conservato il telescopio da lui utilizzato e qualche appunto sull'argomento. Nonostante siano poche le testimonianze scritte su questo argomento, sappiamo con certezza che lo scienziato era particolarmente interessato alle macchie solari, di cui registrava la comparsa e i cambiamenti di forma. Con ogni probabilità, cercava di trovare un'interazione tra l'attività solare e il tempo meteorologico, oltre a ipotizzare che essa interagisse con le "luci del nord" (l'aurora boreale) e con le comunicazioni telegrafiche.

Figura 10.2 – La piccola stazione di rilevamento dati dell'abbazia di Brno, tuttora operativa.

È opinione diffusa che, alla sua morte, l'abate fosse molto più conosciuto presso i salotti scientifici dell'Impero per le sue competenze in campo meteorologico piuttosto che per le sue ricerche sull'ibridazione delle piante. Per esempio, quando venne fondata la Società di Scienze Naturali di Brno il 21 dicembre 1861, Mendel si presentò agli altri soci come meteorologo.
Dai registri si può notare come i dati, raccolti con cura nella sua inconfondibile calligrafia ordinata e regolare, arrivino fino a pochi giorni dalla sua morte. Negli archivi dell'ufficio locale dell'Istituto Idrometeorologico Ceco sono conservati i suoi registri, contenenti tutte le misurazioni da lui raccolte dal gennaio 1879 fino all'agosto 1883. Pochi anni orsono, l'ufficio locale dell'Istituto ha rimodernato la piccola stazione di rilevamento dati, rimasta invariata per oltre un secolo, con strumentazione aggiornata. Ora è possibile accedere ai dati in tempo reale da ogni parte del mondo, tramite il sito del Mendel Museum: una diffusione universale della conoscenza che sicuramente avrebbe fatto piacere all'abate.
Pochi giorni prima della sua morte, Mendel scrisse a Jozef Líznar, professore di meteorologia dell'Università di Vienna e suo allievo alla Realschule. Lamentandosi dei problemi di salute che gli impedivano di compiere le sue regolari osservazioni meteorologiche, si pronunciò così: "Dato che è molto improbabile per noi incontrarci ancora in questo mondo, mi lasci l'opportunità di dirle addio, e di invocare per lei tutte le benedizioni delle divinità della meteorologia".

Parte quinta

EPILOGO

Alla fine, dopo aver indagato la vita e le vicissitudini di un famoso scienziato, è importante non fermarsi ai semplici dati biografici, ma spingersi oltre e porsi delle domande: perché dovremmo conoscerlo? Cosa lo ha reso così grande? Che tipo di persona era? E soprattutto, quali segni ha lasciato nella storia, nella società, nella scienza? Qual è stata, dunque, l'eredità che Gregor Mendel ci ha donato?

Capitolo 11

L'EREDITÀ

La genetica riguarda il modo in cui le informazioni vengono archiviate e trasmesse di generazione in generazione.

John Maynard Smith

Oggi, la genetica è con ogni probabilità quella branca delle scienze della vita più all'avanguardia. Metodologie di ricerca sempre più complesse ed elaborate sono alla base di nuove scoperte. Tecnologie impensabili fino a pochi anni fa ci stanno aiutando a capire i complessi meccanismi che regolano l'eredità genetica e le basilari attività del nucleo della cellula.

Ciascuna delle grandi menti che ha portato allo sviluppo della genetica moderna meriterebbe un racconto a sé.

Una storia tutta da raccontare è, per esempio, quella della scoperta del DNA, il "contenitore" di quelle informazioni genetiche che permettono la crescita degli organismi viventi: il medico canadese Oswald Theodore Avery confermò nel 1944 il ruolo fondamentale di questo composto, l'acido desossiribonucleico, nella trasmissione delle informazioni ereditarie. Il suo esperimento, realizzato insieme ai suoi collaboratori Colin MacLeod e Maclyn McCarty, dimostrò come il DNA fosse il componente fondamentale dei cromosomi. Pur conoscendo la sua composizione, per molti anni mancò una descrizione dettagliata della molecola dell'acido.

La sua complessa struttura a doppia elica venne studiata e descritta con cura per la prima volta nel 1953 dall'americano James Watson e dal britannico Francis Crick. Ma tale studio includeva alcune ricerche condotte dal biofisico neozelandese Maurice Wilkins e, nondimeno, utilizzava immagini di diffrazione ai raggi X realizzate dalla chimica britannica Rosalind Franklin.

Come spesso accade nella storia della scienza, l'unica donna coinvolta in queste vicende fu anche quella che ricevette il minor riconoscimento. L'immagine di diffrazione ai raggi X che così chiaramente faceva intuire la struttura a doppia elica (la celebre *Photo 51*) venne mostrata da Wilkins a Watson a sua insaputa, fornendo così gli elementi decisivi per completare la comprensione della struttura del DNA. La Franklin, tra l'altro, aveva avuto forti diverbi con Watson in precedenza e non era assolutamente suo interesse fargli vedere l'immagine.

Nel 1953 Watson e Crick pubblicarono una serie di articoli su *Nature* in cui descrivevano la struttura a doppia elica del DNA. Tra le evidenze sperimentali a supporto della tesi venne anche riportato uno studio della Franklin e del collega Raymond Gosling, ma ben poco spazio venne dedicato alle osservazioni ai raggi X della ricercatrice britannica. Watson e Crick citarono velocemente sia la Franklin sia Wilkins nei ringraziamenti, sostenendo che le conversazioni intercorse tra di loro fossero state d'aiuto e poco dopo lo stesso Wilkins pubblicò un articolo sulla struttura del DNA.

Rosalind Franklin morì nel 1958 per un tumore all'ovaio. Per alcuni la malattia fu causata dall'esposizione giornaliera a quegli stessi raggi, indispensabili per le sue ricerche. Questa ipotesi però non convince tutti, dato che la scienziata era estremamente meticolosa ed è piuttosto improbabile che non si proteggesse adeguatamente. Per altri la Franklin, che era ebrea, poteva con buona probabilità essersi ammalata in quanto portatrice della mutazione ai geni BRCA, molto diffusa in alcune comunità ebraiche. Si rimane comunque nel campo delle ipotesi.

Watson, Crick e Wilkins ricevettero il premio Nobel per la medicina nel 1962. Di certo, dato il regolamento del premio, la scienziata non avrebbe potuto vincerlo visto che questo non può essere assegnato postumo. Ciononostante, ancora oggi molti scienziati e storici si domandano se Rosalind Franklin non avrebbe meritato molto più credito riguardo a questa scoperta rivoluzionaria.

In generale, prima ancora degli studi sul DNA, a cavallo della seconda metà del XX secolo la genetica fu continuamente protagonista di sorprendenti sviluppi.

Grazie al perfezionamento delle tecniche di indagine microscopica, si iniziarono a osservare nel dettaglio gli organismi più piccoli come virus e batteri.

Fu per esempio del 1943 l'esperimento di Luria-Delbrück, chiamato anche test di fluttuazione: ideato dall'italiano naturalizzato statunitense Salvador Luria insieme al collega Max Delbrück, lo studio dimostrò la comparsa di mutazioni genetiche nei batteri. Queste mutazioni, sorprendentemente, si verificavano in assenza di selezione, invece che in risposta alla selezione stessa. Le mutazioni così divennero uno degli elementi fondanti della sintesi moderna dell'evoluzione, mentre gli studi genetici sui batteri, organismi incredibilmente versatili, iniziarono a diventare fondamentali per tutta la biologia molecolare.

Sempre su un batterio, *Escherichia coli*, vennero condotti importantissimi esperimenti di genetica. Accoppiando gli studi sulla fisiologia di questo microrganismo con l'analisi genetica di incroci e mutanti, i francesi François Jacob André Lwoff e Jacques Monod riuscirono a decifrare i meccanismi che presiedono all'espressione dei geni e alla loro regolazione. In particolare, i tre scienziati transalpini descrissero il modello dell'operone, un insieme di geni che vengono regolati in modo strettamente coordinato. I tre vinsero il premio Nobel per la medicina nel 1965. E, poco per volta, anche *Escherichia coli* divenne, a modo suo, una celebrità: oggi, con ogni probabilità, è il più famoso tra tutti i microrganismi.

Dalla fine degli anni '70 in poi, la genetica iniziò a espandersi prepotentemente in varie altre discipline scientifiche. I suoi contributi divennero via via fondamentali per il lavoro di fisiologi, botanici, zoologi, medici, microbiologi, biochimici. Con l'avvento degli anni '80 e con l'arrivo dell'ingegneria genetica e della manipolazione del DNA, la genetica rivelò tutte le sue potenzialità in campo medico ed economico. Nondimeno, divenne fonte di dibattito per le complesse implicazioni etiche a essa connesse. Era corretto modificare geneticamente un organismo? Si trattava di procedure sicure? Non c'era davvero nulla da temere? E se si fossero applicate anche all'uomo? Via via, divenne fondamentale informare il grande pubblico non solo sulle ultime scoperte, ma anche sulle possibili applicazioni pratiche della nuova scienza.

Anni dopo Rosalind Franklin, le vicissitudini di un'altra scienziata segnarono la storia della genetica. Ma in questo caso, per fortuna, per la protagonista di questa vicenda ci fu un lieto fine.

L'americana Barbara McClintock, infatti, per diverso tempo non ottenne alcun riconoscimento per le sue scoperte. Per tutti gli anni '40 del XX secolo la scienziata, in forza prima alla Cornell University, poi all'Università del Missouri e infine al Carnegie Institute of Technology di Washington, portò avanti ricerche sulle mutazioni cromosomiche nel granturco. Nel 1931 pubblicò uno studio dedicato alla ricombinazione genetica in questa pianta, dimostrando come il fenomeno fosse dovuto allo scambio di porzioni tra cromosomi omologhi. Ma la sua scoperta più importante fu l'identificazione dei trasposoni, ossia porzioni di DNA in grado di spostarsi da una posizione all'altra all'interno dei singoli cromosomi e di provocare mutazioni instabili.

McClintock creò un giardino di fianco al suo laboratorio, dove coltivò diverse varietà di mais da studiare e incrociare. Amava viaggiare in Centro e Sud America e da quelle terre importò molte varietà di queste piante, in modo da studiarle e coltivarle nel suo giardino di ricerca.

Fu anche un'eccellente insegnante. La leggenda vuole che fosse così appassionata del suo campo di studio che, quando le veniva posta una domanda, potesse impiegare un intero pomeriggio per rispondere. Era lei stessa a interrompersi a un certo punto, dicendo al suo interlocutore: "Meglio fermarci ora, sembri stanco".

Pur trattandosi di una scienziata di successo (era stata eletta membro dell'Accademia Nazionale delle Scienze e presidente della Società Genetica d'America), il suo studio sui trasposoni, presentato nel 1951, ottenne scarso seguito. In certi casi, la teoria della McClintock venne duramente contrastata. In parte questo era dovuto alla scarsa conoscenza delle strutture responsabili della trasmissione ereditaria (la descrizione del DNA sarebbe stata pubblicata solo due anni dopo, nel 1953), in parte al fatto che l'idea prevalente ai tempi era che i geni fossero entità fisse, immobili: le unità fondamentali dell'eredità erano considerate bloccate nella loro posizione prestabilita sui cromosomi, del tutto incapaci di spostarsi.

Forse anche il sessismo imperante negli ambienti accademici del tempo ebbe la sua parte nello screditare i lavori della scienziata: negli Stati Uniti degli anni '50 era molto difficile per una donna fare carriera nel campo della ricerca e ancor di più veder riconosciuta una propria scoperta. E questo valeva anche per una studiosa piuttosto accreditata come la McClintock che, tanto per far capire la mentalità dei tempi, aveva dovuto iscriversi al corso universitario di botanica invece che a quello di agronomia (che era il suo principale interesse) perché in quella facoltà le donne non erano ancora ammesse.

La scienziata fu molto amareggiata per il mancato riconoscimento delle sue scoperte, ma ugualmente proseguì con i suoi studi fino al pensionamento.

In questo caso, per sua fortuna, le tecnologie di ricerca in biologia molecolare progredirono a passo spedito e negli anni '70 le venne finalmente data ragione: i trasposoni vennero osservati in azione in molti esseri viventi e i lavori della McClintock vennero riscoperti e rivalutati. Così nel 1983 la scienziata vinse il premio Nobel per la medicina. Affermò: "Potrebbe sembrare scorretto premiare una persona per essersi divertita così tanto negli anni".

Impossibile non notare la somiglianza tra le vicende della McClintock e quelle di Gregor Mendel: entrambi fecero scoperte rivoluzionarie, concentrandosi in particolare su un'unica specie vegetale; entrambi coltivarono con cura un proprio giardino, dedicato alla ricerca e alla sperimentazione; entrambi pubblicarono le proprie scoperte e cercarono di promuoverle presso gli ambienti accademici, ma, sfortunatamente, si rivelarono troppo rivoluzionarie per i loro tempi; in entrambi i casi, numerosi scienziati li ignorarono per motivi futili (Mendel in quanto dilettante, McClintock in quanto donna); entrambi vennero riscoperti e rivalutati solo molti anni dopo la presentazione delle loro ricerche, quando i progressi tecnologici furono tali da confermare le loro teorie.

Le somiglianze sono sorprendenti e devono aiutarci a riflettere su quanto anche il mondo della ricerca scientifica soffra di gravi difetti come il pregiudizio, lo scetticismo verso le novità, le gelosie, la predilezione del pensiero unico. Non bisogna mai dimenticarlo, soprattutto quando ci illudiamo che quello della scienza sia una sorta di mondo ideale, un eden non contaminato dai difetti della società.

Nel 1980 i pionieri della biologia molecolare Allan Maxam e Walter Gilbert vinsero il premio Nobel per la creazione di tecniche di sequenziamento del DNA, mentre nel 1993 lo stesso riconoscimento fu attribuito a Kary Mullis (personaggio a dir poco eccentrico, appassionato di astrologia e fruitore di LSD, negazionista del riscaldamento climatico e del legame HIV-AIDS) per l'invenzione della tecnica PCR, abbreviazione di *Polymerase Chain Reaction*. Questa tecnica permetteva, e permette tuttora, di amplificare di vari ordini di grandezza uno o pochi brevi tratti di DNA in maniera economica e affidabile, semplificando tantissime procedure di ricerca.

Nei primi anni del XXI secolo il protagonista assoluto in campo genetico fu la *genomica*, ossia quella branca della genetica che studia il genoma, il complesso dei geni di una cellula o di un organismo.

Il più celebre studio di genomica di quegli anni fu lo *Human Genome Project* (HGP), volto a mappare nel dettaglio i geni dell'uomo. Iniziato nel 1990 e completato nel 2003, il progetto non fornì in realtà il genoma completo di un singolo individuo, ma una sorta di mosaico, originato da più campioni di volontari. Il risultato fu una rappresentazione della sequenza completa degli elementi presenti nei cromosomi umani. Parallelamente a questo studio, promosso e finanziato dal governo degli Stati Uniti in collaborazione con università e centri di ricerca di tutto il mondo, si sviluppò un progetto molto simile ma con finalità ben diverse: la Celera Genomics, una società privata fondata dal biologo statunitense Craig Venter, si avventurò nella stessa impresa, il sequenziamento del genoma umano, con puri intenti commerciali. L'idea era quella di creare un database consultabile esclusivamente a pagamento. Alla fine, il sequenziamento realizzato dalla Celera venne presentato nel 2001, in anticipo rispetto allo Human Genome Project, ma l'approccio eccessivamente legato al profitto rese Venter molto impopolare presso buona parte della comunità scientifica.

In tempi ancora più recenti l'argomento più in voga nel mondo della genetica è stato l'*editing*, la modifica mirata del DNA, insieme alla tecnica CRISPR/Cas9, quella di maggior successo per la sua sicurezza, praticità ed economicità.

CRISPR, acronimo di *Clustered Regularly Interspaced Short Palindromic Repeats*, ossia "brevi ripetizioni palindrome raggruppate e separate a intervalli regolari", sono una famiglia di segmenti di DNA nei batteri. Questi contengono brevi sequenze ripetute, provenienti da virus che in passato hanno attaccato il batterio, e rappresentano un sistema di difesa immunologica dei batteri. Nel 2012 l'americana Jennifer Doudna e la francese Emmanuelle Charpentier furono le prime a proporre lo specifico sistema CRISPR/Cas9 come mezzo per l'editing genico. Oggi, dopo pochissimi anni, questa scoperta è già considerata una delle più importanti nella storia della biologia. Gli studi su CRISPR/Cas9 sono stati sviluppati da molti gruppi di ricerca in giro per il mondo per applicazioni che vanno dagli studi sulle proteine fondamentali fino al trattamento di malattie come la còrea di Huntington o l'AIDS.

Modificare con un semplice "taglia e cuci" intere sequenze di DNA sarebbe sembrata pura fantascienza sino a pochi anni fa, mentre oggi è realtà e gli utilizzi in campo biomedico, agricolo e bioingegneristico di questa tecnica appaiono praticamente infiniti.

La genetica, in poco più di un secolo e mezzo, ha compiuto passi da gigante. Le nuove tecniche che ha sviluppato hanno sfruttato i grandi progressi tecnologici degli ultimi anni, fornendo in compenso potenti mezzi di analisi per tutte le altre scienze della vita. Oggi la genetica, grazie alle sue infinite applicazioni in campo medico, agricolo e biologico, ci permette di migliorare sensibilmente le condizioni di vita dell'umanità. E questo, ne siamo certi, avrebbe reso molto orgoglioso Gregor Mendel.

Capitolo 12

L'EUGENETICA, IL LATO OSCURO DELLA GENETICA

Il punto centrale delle teorie pseudo-scientifiche dell'eugenetica è che devono essere applicate nel complesso. L'eugenetica afferma che tutti gli uomini devono essere così stupidi da non poter gestire da soli i propri affari e anche così intelligenti da poter gestire quelli degli altri.

Gilbert Keith Chesterton

Al giorno d'oggi, c'è un consenso diffuso presso la comunità scientifica nell'affermare che il termine "razza" sia usato impropriamente nel caso di *Homo sapiens* e che, conoscendo la storia dell'evoluzione della nostra specie sul pianeta, le razze umane, molto semplicemente, non esistano. L'utilizzo del termine in passato era però legato alla tradizione e alle pregresse conoscenze scientifiche.

Ben più fantasiosa fu invece la creazione della "razza ariana", un immaginario raggruppamento di popoli di origine più o meno comune. Questo concetto ebbe però grande diffusione negli anni che videro la nascita della moderna genetica, a cavallo tra XIX e XX secolo.

L'invenzione della razza ariana partiva dall'idea di riunire insieme i popoli protoindoeuropei e i loro discendenti basandosi sul parlato originario: ovviamente anche un lettore non particolarmente esperto capirà l'immane assurdità di mischiare insieme storia biologica ed evoluzione del linguaggio, eppure in quegli anni, anche per una diffusa convinzione che i popoli europei o, più in generale, bianchi avessero una qualche sorta di superiorità intellettuale sulle altre etnie, l'idea di questa razza ariana si diffuse a macchia d'olio.

Come ben sappiamo dai libri di storia, questi presupposti pseudoscientifici e suprematisti trovarono terreno fertile tra i nazisti. Si sviluppò così un'ideologia che sosteneva che la razza ariana costituisse una sorta di popolazione geneticamente superiore, in qualche modo destinata a dominare sulle altre.

Purtroppo, la giovane e ancora ingenua disciplina che era ai tempi la genetica, si sviluppò indipendentemente dal contesto sociale di quegli anni, offrendo il fianco a interpretazioni dannose, se non disastrose.

Francis Galton, quel cugino di Darwin che, come abbiamo visto, sbugiardò il suo ben più celebre parente sulla sua teoria provvisoria della pangenesi, è colui a cui possiamo, in qualche modo, associare la nascita della moderna eugenetica.

La parola "eugenetica" deriva dal greco *eugenés*, "ben nato" e si riferisce a tutte quelle attività volte a migliorare la genetica di una popolazione.

Intesa in questo modo, l'eugenetica non era certo un'invenzione ottocentesca. Basti pensare agli spartani, presso cui i deboli e deformi venivano uccisi alla nascita per garantire una società composta solo da individui forti e sani. Ma con la nascita della nuova scienza della genetica, ecco che queste pratiche potevano cercare di trovare una sorta di base scientifica alla quale aggrapparsi.

Galton lesse e fece sua la teoria dell'evoluzione di Darwin. Visto come riusciva a spiegare perfettamente la comparsa delle altre specie, Galton cercò di applicarla anche agli esseri umani.

Galton fu uno studioso poliedrico che riuscì a eccellere in diverse discipline. Esploratore e geografo, grazie ai suoi viaggi fornì ai cartografi importanti informazioni su remote regioni dell'Africa sudoccidentale. Era un appassionato antropologo, ma amava anche le misurazioni, le statistiche, in particolare quando venivano applicate all'uomo. Oggi, per questi motivi, è considerato uno dei padri della biometria, la disciplina che studia i fenomeni della vita dal punto di vista quantitativo, utilizzando la statistica e la matematica. Compì approfonditi studi sulle impronte digitali e favorì il loro utilizzo in ambito giudiziario e investigativo.

Galton sviluppò la convinzione che alcune tra le qualità umane più celebrate, come l'intelligenza o il rigore morale, fossero ereditarie. Per questo motivo, sostenne l'intervento delle istituzioni per favorire una selezione degli individui dotati delle migliori caratteristiche. Su questo punto, Darwin si dimostrò sempre in totale disaccordo col cugino.

Nel 1869, Galton scrisse *Hereditary Genius* al fine di celebrare le grandi qualità dei più importanti uomini della storia britannica, sostenendo al tempo stesso come le caratteristiche proprie del "genio" fossero ereditarie.

Nel 1883, un anno dopo la morte di Darwin, Francis Galton coniò il termine "eugenetica" per descrivere la disciplina che aveva aiutato a creare.

Di per sé Galton era un prodotto del suo tempo, un ricco e nobile signorotto dell'Inghilterra vittoriana, dalla vasta cultura e dagli innumerevoli interessi, che perseguiva sinceramente il benessere della società. Il problema era che ai suoi tempi il sentire comune era già orientato verso una concezione per cui gli uomini bianchi occidentali, possibilmente delle classi agiate, fossero intellettualmente e fisicamente superiori agli altri. Così, con gli sviluppi di una dottrina nata con l'ingenuo interesse di una società migliore, cominciarono a diffondersi nefandezze di ogni genere.

Le classi proletarie, fantasiosamente considerate meno intelligenti e più soggette a malattie come la tubercolosi erano, al contempo, ben più fertili delle classi benestanti: per i seguaci di Galton questo costituiva un chiaro rischio per la società, che avrebbe finito col peggiorare, schiacciata dalla costante crescita del numero di individui "inferiori".

A supportare le tesi di Galton arrivò prima lo statistico Karl Pearson, che si concentrò sullo studio di ogni possibile dato statistico applicato all'uomo. Ben presto fondò l'influente rivista *Biometrika*, che diede man forte alla diffusione dell'eugenetica.

Poi nel 1912 arrivò il libro *The Kallikak Family: A Study in the Heredity of Feeble-Mindedness* a opera dello psicologo americano Henry Herbert Goddard. Qui l'autore cercò di dimostrare una sua teoria secondo cui la "debolezza mentale" (*feeble-mindedness*), che portava a disturbi mentali e problemi nell'apprendimento, fosse ereditaria. Per farlo, raccontò la genealogia di una famiglia, realmente esistita ma indicata col nome fittizio Kallikak, in cui due rami distinti avevano avuto storie diametralmente opposte: un uomo di buona famiglia aveva avuto inizialmente una relazione con una cameriera *feeble-minded* da cui era nato un figlio. Da questa discendenza, generazione dopo generazione, si erano viste malattie mentali, delinquenza, povertà, disabilità. Dal successivo matrimonio dello stesso uomo con una donna "normale" si generò invece una linea genealogica con avvocati, dottori, uomini di successo. Questo, nelle idee di Goddard, avrebbe dovuto dimostrare come una selezione nella possibilità di procreare avrebbe portato a un progressivo miglioramento della società.

In breve l'eugenetica, pur restando materia controversa tra scienziati e politici, ottenne un enorme successo negli Stati Uniti. Ben presto arrivarono le leggi razziali e nel 1915 vennero vietati i matrimoni tra bianchi e neri. La *American Eugenics Society* nacque nel 1923, mentre nel 1931 ventisette stati americani promulgarono leggi che consentivano la sterilizzazione obbligatoria per determinate categorie di persone, compresi i *feeble-minded* e i *morons* ("deficienti"). Nel 1941, grazie a queste leggi, quasi trentaseimila individui erano già stati sterilizzati.

L'Europa non rimase certo a guardare. Nel 1905 venne fondata in Germania la *Gesellschaft für Rassenhygiene* (la Società per l'Igiene Razziale) e due anni più tardi in Inghilterra nacque la *Eugenics Education Society*.

Con l'avvento della Germania nazista, il razzismo prese definitivamente il sopravvento. Sotto il dominio di Hitler e dei suoi seguaci, l'eugenetica trovò la sua più orrenda espressione nel programma denominato Aktion T4: quanti furono identificati come *Lebensunwertes Leben*, ossia "vite di nessun valore", vennero o sterilizzati o uccisi, in modo da eliminare per sempre i loro geni dalla società. Tra questi vi erano ebrei, malati mentali, rom, persone con difficoltà di apprendimento. 400.000 individui subirono la sterilizzazione coatta, mentre un numero incerto di persone, si stima compreso tra 60.000 e 100.000, vennero uccise.

Così, nonostante le buone intenzioni iniziali di Galton, la follia dell'eugenetica portò con sé morte, violenze di ogni genere e basi pseudoscientifiche su cui molti razzisti e suprematisti trovarono una sorta di giustificazione per i loro deliri. Questo è un lato della storia della genetica estremamente triste ma che non deve essere assolutamente dimenticato.

Il darwinismo sociale

Così come la genetica ebbe la sua "sorellastra cattiva" nell'eugenetica, così alle teorie dell'evoluzione di Darwin si affiancò il volto negativo nel cosiddetto "darwinismo sociale". Questa corrente di pensiero sostiene che il concetto di lotta per l'esistenza, tipico della teoria darwiniana, sia da applicare anche alle società umane.

Il nome più corretto di questa teoria dovrebbe però essere "spencerismo sociale", dato che il primo a svilupparla approfonditamente fu il sociologo inglese Herbert Spencer, a cui Darwin fece riferimento per spiegare i meccanismi alla base della selezione naturale. Spencer infatti elaborò questa tesi ben prima di Darwin, rifacendosi a una lunga tradizione filosofica che si può far risalire molto indietro nel tempo, fino alla celebre frase di Plauto *homo homini lupus* ("l'uomo è lupo per l'altro uomo"), poi ripresa da Hobbes e da Malthus in campo economico.

Charles Darwin non appoggiò mai tale teoria, così come fu sempre lontano da ogni tesi razzista, classista o sessista. Il darwinismo sociale era nient'altro che un'ideologia senza basi scientifiche verificate. L'idea stessa che considerava "naturali" le ineguaglianze sociali e le lotte tra gli uomini si dimostrò ben presto pericolosa per le sue possibili interpretazioni. In particolare il suo utilizzo al fine di legittimare leggi razziali, colonialismo o disparità di classe fornì una base ideologica per tutte queste nefandezze, pur non essendo essa stessa una scienza vera e propria ma una semplice corrente filosofica, peraltro molto controversa sin dalla sua nascita.

Capitolo 13

CHI ERA GREGOR MENDEL?

Sono interessato alla genetica, penso che mi sarebbe piaciuto incontrare Gregor Mendel. Perché era un monaco che ha immaginato tutte queste grandi cose da solo. È una mente superiore. [...] Ricordo di essere andato nelle Filippine e di aver pensato: "questo è come il giardino di Mendel" perché erano state occupate da tanti paesi diversi nel corso degli anni e si vedeva come i bambini condividessero i tratti genetici di tutti i loro invasori, e il risultato è stato questo bellissimo giardino, pieno di varietà.

Bill Murray

Nel cuore dell'abbazia di Brno, al primo piano, si trova la libreria. Nove file di scaffali conservano con ordine centinaia di libri. Alcuni di questi sono antichissimi: qui si trovano degli incunaboli, testi realizzati prima dell'invenzione della stampa, che per alcuni sono di valore superiore a quelli conservati nella libreria del Vaticano.

Gli scaffali in legno massello sono riccamente decorati con statue, stucchi e incisioni e hanno un aspetto decisamente regale. I libri sono disposti in ordine alfabetico e ogni settore reca in alto un'elegante lettera dorata che indica la sezione.

Si dice che, negli anni del comunismo, la libreria sia rimasta sempre chiusa. In effetti è piuttosto difficile non provare quel senso di passato glorioso e al tempo stesso di immutabilità che quelle quattro mura sembrano comunicare.

Sistemata sotto una delle grandi finestre della libreria si trova una piccola, umile scrivania, ricoperta da una sottile tovaglia rossa con ricami floreali. Al suo fianco, una altrettanto umile sedia con la classica seduta in velluto verde. Per anni si è dubitato della loro origine, fino a quando non si sono notate le iniziali "G.M." ricamate su un angolo della piccola tovaglia, che hanno confermato quanto in molti già ipotizzavano: quelle erano la sedia e la scrivania che servirono a Mendel per studiare, scrivere e, con ogni probabilità, per mettere nero su bianco le basi della genetica.

Nondimeno, per quanto maestosa e splendidamente curata, questa libreria appare relativamente piccola. Possibile che tutti i libri, raccolti e conservati nei secoli dai monaci, siano custoditi in un'unica stanza? Nella vecchia sede del monastero, dal quale gli agostiniani erano stati "sfrattati" nel 1782, la libreria occupava due interi piani della struttura. Dove sono finiti tutti i libri che conteneva? Si parla di circa 27.000 volumi, ma in questa stanza ne saranno presenti poche centinaia.

All'improvviso ecco svelato l'arcano: la mia guida, la dottoressa Janka Závodská del Mendel Museum, apre una sorta di passaggio segreto. Un intero segmento di libreria, comprensivo di libri e scaffali, pur scricchiolando un po', si apre agilmente rivelando un angusto passaggio. Al di là della strettoia appare, sorprendentemente, un'altra libreria, dai soffitti bassi e costituita da modestissimi scaffali fatti di assi orizzontali e stretti travi portanti. Niente stucchi, niente statue, niente legno massello. Solo tanti, tantissimi libri che denotano, molto più della porzione di libreria "ufficiale", quanto per i monaci questo fosse uno spazio vivo, un luogo di ricerca, di studio, di riflessione. Con Napp prima e con Mendel poi, l'abbazia di Brünn divenne un importante centro di scienza e di educazione per tutta la Moravia. Eppure, l'umile libreria dei monaci è tutt'altro che un luogo austero: ci sono testi di tutti i tipi, qualunque argomento o genere letterario sembra essere rappresentato. Qui si trova persino una sorprendente raccolta di polizieschi di cui evidentemente qualche confratello era avido lettore.

"Tra questi libri c'era anche un testo di Copernico del XVI secolo" mi racconta la mia guida. "Venne smarrito, poi ritrovato, infine trasferito in un posto più sicuro."

Ecco che cos'era questo luogo: un continuo andirivieni di libri, di lettori, di cultura, di scienza. L'habitat ideale per Mendel e per la sua sete di conoscenza. Ed era qui che la sua piccola scrivania e la sua sedia in velluto verde si trovavano originariamente, non nella maestosa sala di rappresentanza ma nella stretta, umile e vivace libreria al suo fianco.

Figura 13.1 – La sala principale della biblioteca abbaziale.

Una biografia non può e non deve essere una mera raccolta di date ed eventi ordinati in ordine cronologico. Per un personaggio della portata di Gregor Mendel, poi, le cui scoperte sono di fondamentale rilievo per la storia della scienza, è ancora più importante domandarsi nel dettaglio quale fosse il suo pensiero e cosa realmente cercasse di scoprire con le sue ricerche.

Non è un'impresa facile, però, visto che le informazioni in nostro possesso sulla sua vita sono piuttosto scarse, come abbiamo visto. In particolare, la quasi totale mancanza di carte scritte di suo pugno è l'ostacolo principale che ci impedisce di avere una risposta sicura su questo interrogativo. Si possono fare delle congetture, ma non avremo mai la certezza assoluta su quali fossero i suoi pensieri e le sue aspirazioni.

Figura 13.2 – La parte "nascosta" della biblioteca.

Se ricaschiamo nell'immancabile parallelismo con Darwin, vediamo che dello scienziato di Shrewsbury possediamo libri, articoli e un archivio immenso di lettere mandate a colleghi, amici e parenti che ci permettono di capire nel dettaglio che cosa pensasse, quali fossero i suoi interessi, le sue passioni e i suoi dubbi. Ma di Mendel abbiamo pochissimo: il suo saggio di 47 pagine sull'ibridazione, le lettere a Karl von Nägeli, alcuni documenti personali e poco altro.

Un onesto tentativo, portato avanti dai primi biografi, è stato quello di chiedere testimonianze dirette a chi c'era a quei tempi, mentre venivano compiuti i primi esperimenti nel cuore dell'abbazia di Brünn, o perlomeno a chi aveva conosciuto Mendel di persona, per esempio i suoi allievi della Realschule. Non è però impresa facile e le informazioni che si sono riuscite a recuperare, per quanto importanti, non sono esaustive.

Il tentativo più valido e completo in tal senso è sicuramente *Folia Mendeliana*, una rivista scientifica che ha il preciso scopo di pubblicare il risultato di ricerche e approfondimenti sul lavoro e gli studi di Mendel. Nondimeno, *Folia Mendeliana* si dedica anche alle ricerche storiche su tutto ciò che è venuto dopo Mendel, sull'influenza dei suoi studi sulle origini della genetica e sull'eredità. Vengono inoltre segnalate conferenze, pubblicazioni di vario genere ed eventi dedicati a Mendel. Il progetto editoriale nacque nel 1965, poco prima del centenario della pubblicazione del saggio sull'ibridazione, con il patrocinio dell'UNESCO.

Alla fine, però, il lavoro più corposo di ricerca sulla vita del padre della genetica è stato portato avanti da un gruppo di biografi. In questo senso, il personaggio più importante nella riscoperta del lavoro di Mendel è stato molto probabilmente Hugo Iltis (1882-1952), colui che fu tra i promotori della raccolta fondi per la realizzazione del memoriale in ricordo dello scienziato, che organizzò le celebrazioni del centenario della sua nascita nel 1922 e che fondò il Mendel Museum a Brno nel 1932. Socialista ed ebreo, fu costretto a emigrare negli Stati Uniti nel 1939 per evitare l'avvento dei nazisti in Cecoslovacchia e osteggiò sempre con forza le loro abominevoli teorie sull'eugenetica. In tarda età, con non poca sorpresa, scoprì che la sorella di sua moglie, Lisi Liebscher, era una lontana cugina dello stesso Mendel.

Anni dopo, il testimone della staffetta dei biografi fu preso dal genetista Jaroslav Křiženecký, che fu uno dei principali organizzatori degli eventi celebrativi del 1865. In patria, soprattutto durante la Seconda guerra mondiale e negli anni immediatamente successivi, dovette affrontare non poche ostilità da parte delle autorità, a causa del suo supporto alle teorie di Mendel e della sua opposizione alle idee di Lysenko. Era inoltre favorevole a una forte modernizzazione del sistema di ricerca nazionale e all'introduzione di un'educazione universitaria molto ispirata ai *college* americani. Per queste sue posizioni contrarie a quella ufficiale del governo cecoslovacco in fatto di scienza, Křiženecký dovette anche trascorrere alcuni mesi in carcere. Quando Mendel venne riabilitato dalle autorità, lo scienziato iniziò a preparare gli eventi per la sua celebrazione, ma morì nel dicembre del 1864, pochi mesi prima di vedere la sua creatura prendere vita.

Il posto di Křiženecký venne preso da un suo studente, Vítězslav Orel, che portò a compimento quanto iniziato dal maestro. Gli eventi celebrativi del 1965 furono un grande successo anche per merito di quello che allora era un giovane scienziato, molto ambizioso e motivato. Orel fu l'artefice della nascita della rivista *Folia Mendeliana* ed è, ancora oggi, l'autore della biografia di Mendel più conosciuta e diffusa al mondo. È scomparso solo pochi anni fa, nel 2015.

Grazie a questi primi biografi oggi siamo in grado di avere un'idea piuttosto approfondita del profilo psicologico dell'abate.

Il loro lavoro ci ha fornito l'immagine di un uomo motivato, appassionato della sua materia di studio, incredibilmente metodico e preciso nella sperimentazione, nella raccolta dei dati e nella loro successiva elaborazione. Come abbiamo già visto nelle pagine precedenti, il suo merito scientifico più grande non furono tanto le leggi che prendono il suo nome, dato che peraltro furono stilate da altri scienziati, quanto il metodo: un'applicazione rigorosa della matematica in generale e della statistica in particolare nel campo della biologia. In questo Mendel fu assoluto maestro e precursore di tutti gli scienziati che, dopo di lui, si dedicarono allo sviluppo della nuova scienza della genetica.

Figura 13.3 – Il tavolo e la sedia di Gregor Mendel.

Al nostro profilo, però, mancano ancora gli aspetti più umani del personaggio. Che carattere aveva? Qual era la sua personalità, il suo modo di fare? Per questo tipo di indagine, le ricerche sono più difficoltose soprattutto perché, come abbiamo visto, gran parte delle sue carte personali venne bruciata dopo la sua morte.

Alcune versioni romanzate della vita di Mendel raccontano di un umile servitore di Dio immerso nei suoi studi, timido e schivo, che non ambiva a grandi successi e riconoscimenti. Nulla di più falso, dato che Mendel cercò in ogni modo di far conoscere il proprio lavoro alla comunità scientifica mondiale.

I suoi interessi nel campo dell'ibridazione probabilmente nascevano dal contesto storico, dall'influenza del padre e dal suo amore per la ricerca più che dal desiderio di successo e riconoscimento pubblico ma, ciononostante, Mendel era tutt'altro che schivo e umile. Con ogni probabilità, l'ambizione era un sentimento che faceva parte della sua indole.

Non desiderava necessariamente successo e notorietà, ma un riconoscimento dei suoi meriti scientifici sicuramente sì, come è facile estrapolare dai suoi pochi scritti che sono giunti fino ai giorni nostri.

Esclusi gli ultimi anni di vita, quando divenne più distaccato e scontroso – anche nei confronti degli altri monaci, che non appoggiavano la sua crociata contro le tasse imperiali – Mendel nella sua vita dimostrò un carattere gioviale e aperto. Era abbonato alla rivista umoristica *Fliegende Blätter*, di cui sottolineava a matita le battute preferite per poi leggerle ai confratelli durante il pranzo.

Mendel era un insegnante appassionato e al tempo stesso paziente, molto apprezzato e rispettato dai suoi studenti. Nondimeno era un monaco amico dei suoi confratelli. Gli affetti personali a cui Mendel teneva maggiormente erano però i suoi tre nipoti Johann, Alois e Ferdinand, figli di sua sorella minore Theresia, colei che lo aveva aiutato a studiare quand'era giovane. Quando toccò all'abate poter rendere il favore, pagò gli studi liceali dei suoi tre nipoti. I ragazzi, in quegli anni, soggiornavano nella prospiciente Kolsterplatz (la futura Mendelplatz) e facevano frequenti visite al monastero. Adoravano passare il tempo con lo zio, in particolare giocando a scacchi o a *Tischkegelspiel*, una sorta di bowling da prato tipico dell'epoca, nel giardino dell'abbazia.

Negli ultimi anni, però, la malattia e soprattutto la sua personale battaglia sulle tasse dell'abbazia lo resero rancoroso e diffidente.

Il suo scudo da abate era diviso in quattro settori. In esso erano contenuti, rispettivamente: un giglio, a rappresentare la costanza; aratro e croce per indicare le sue origini contadine e il credo agostiniano della carità; le lettere greche alfa e omega per rappresentare la ricerca scientifica; due mani che si stringevano a rappresentare l'amicizia e la comunità.

Negli ultimi anni, però, quest'ultimo simbolo venne sostituito da una mano che sosteneva una croce, a indicare la pietà: Mendel non si sentiva più parte di una comunità che, secondo lui, lo aveva abbandonato. Questa rappresentazione era stata presa in prestito dallo scudo del suo amato predecessore e benefattore, Cyril Napp.

In maniera quasi beffarda, la battaglia sulle tasse che aveva iniziato nel 1874 venne conclusa dal suo successore, Anselm Rambousek. Il nuovo abate non aveva mai avuto in simpatia Mendel, meno che mai nel 1868, quando questo lo aveva sconfitto al suo primo tentativo di ottenere la carica. Il suo modo di risolvere la questione delle tassazioni con le autorità imperiali fu una sua piccola vendetta: Rambousek non solo riuscì a far rimuovere l'odiata imposta, ma convinse anche il governo a restituire al monastero i soldi versati in passato. Quasi 20.000 fiorini vennero pagati con un assegno al nuovo abate che, almeno in campo diplomatico, si dimostrò più in gamba del suo predecessore.

Alla fine, per quanto possa essere difficile ricostruire il carattere e la psicologia di una persona così lontana nel tempo e di cui abbiamo ben poche testimonianze scritte, possiamo comunque dare per scontati alcuni aspetti della sua personalità: Mendel era un gran lavoratore; era preciso, forse addirittura pignolo, in ogni campo di studio in cui decidesse di immergersi; era anche conscio di quanto fosse fortunato a potersi dedicare per lunghe ore alla ricerca scientifica, viste le gravi difficoltà economiche vissute da ragazzo; era attento alle relazioni umane, ma non le anteponeva mai al compito che si era prefissato, fosse esso l'ibridazione delle piante, la meteorologia o la lotta per ridurre le tasse dell'abbazia.

Era un grande appassionato di scienza, ma più in generale un amante della conoscenza nel senso più ampio del termine, soprattutto se questa implicava qualche applicazione della statistica.

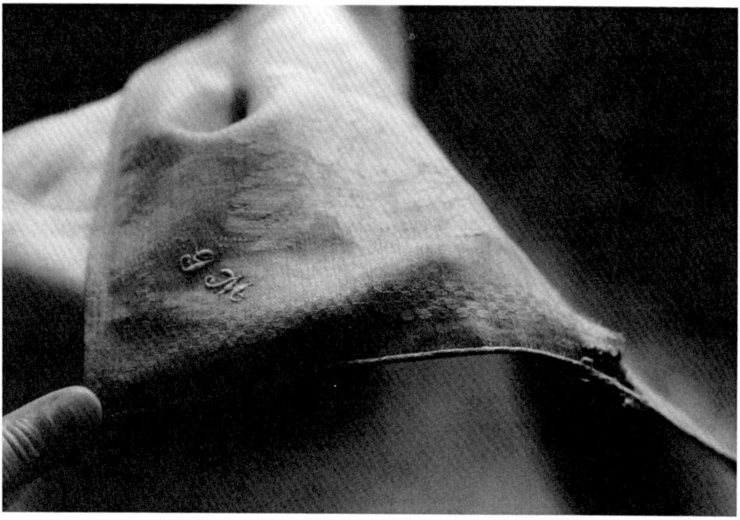

Figura 13.4 – Dettaglio della tovaglia originale, con ricamate le iniziali "G.M.".

Negli ultimi anni, quando la sua massima preoccupazione era la lotta alle tasse dell'Impero, l'abate Mendel iniziò, per puro diletto, a dedicarsi a uno studio sui cognomi locali più diffusi. Raccolse circa settecento nomi estrapolandoli da diversi registri (dei trasportatori, dei militari, degli avvocati e dei banchieri) e li divise in gruppi, seguendo alcuni criteri. Li organizzò in ordine alfabetico e in ordine di senso. Rifacendosi alla nomenclatura binomiale tipica della biologia, esaminò i cognomi in base alle due parti che li componevano, ossia prefisso e suffisso.

Tra i suffissi più diffusi c'erano *-mann* (uomo), *-bauer* (contadino) e *-mayer* (persona, tizio, inteso come variante del significato originale, ossia macellaio). I prefissi, in compenso, erano più vari e divertenti. Mendel li ordinò a seconda delle categorie. Uno degli esempi più classici era dato dalle professioni: gli artigiani *Blaumann* (operaio) o *Zimmermann* (carpentiere), gli ufficiali *Amtmann* (burocrate) o *Zollmann* (doganiere), o ancora i medici *Heilmann* e *Arztmann*.

Questo insolito modo di impegnare il tempo libero ci fornisce qualche informazione in più sul personaggio: Mendel era un amante della conoscenza nel senso più puro del termine e cercava sempre nuove sfide intellettuali in cui si immergeva anima e corpo. Chissà se avrebbe apprezzato la scienza costruita sulle fondamenta da lui poste, trentacinque anni dopo i suoi esperimenti nella piccola serra dell'abbazia. Con ogni probabilità, avrebbe amato tutte le nuove sfide che la disciplina stessa avrebbe creato, trattandosi di una scienza "di frontiera", dove a ogni avanzamento tecnologico corrisponde un miglioramento delle nostre conoscenze.

A differenza di altre grandi menti del passato come Darwin, Einstein o Feynman di cui conosciamo tutto o quasi, per Mendel si rimane sempre nel campo delle ipotesi. Se questo è da un lato un peccato, perché non conosceremo mai con certezza cosa passasse per la sua mente, dall'altro rende più affascinante e misteriosa la sua figura e la sua storia ancora più bella da raccontare.

BIBLIOGRAFIA E RINGRAZIAMENTI

Ho in me dei geni grandiosi, ma sono tutti recessivi.
Ecco il mio problema.

Bill Watterson

Come ho scritto nell'introduzione di questo libro, il problema principale che si incontra nell'affrontare la realizzazione di una biografia di Gregor Mendel è che i testi veramente validi, originali, fonte di ricerche condotte in prima persona sono pochissimi. Tutto il resto della produzione letteraria dedicata al monaco è frutto di rielaborazione di lavori fatti da altri. Anche nel mio caso, la ricerca di dati biografici accurati mi ha ricondotto quasi sempre agli stessi, identici testi. Per fortuna, però, queste stesse fonti bibliografiche si sono rivelate validissime, fornendomi molti spunti inediti e idee di approfondimento sugli aspetti scientifici e sociali che hanno interessato la nascita della genetica a cavallo tra XIX e XX secolo.

Il primo, fondamentale testo a cui rifarsi è, ovviamente, il libro di Hugo Iltis *Life of Mendel*, pubblicato per la prima volta in lingua tedesca nel 1924 col titolo *Gregor Johann Mendel – Leben, Werk und Wirkung*. Questa è stata la prima biografia completa del padre della genetica, scritta quando ancora si potevano recuperare testimonianze e informazioni di prima mano.

Ugualmente importanti sono le opere biografiche di Vítězslav Orel, padre di *Folia Mendeliana* e per anni a capo del Mendelianum di Brno. Vari sono i suoi testi sulla vita dell'abate rielaborati negli anni, ma il più conosciuto è probabilmente *Mendel* del 1984, pubblicato per la serie *Past Masters* dell'editore Keith Thomas. Alcune importanti note biografiche stilate dallo stesso autore sono incluse nell'edizione italiana delle *Leggi dell'ereditarietà* a cura di Brunetto Chiarelli, pubblicata da Rizzoli. Sempre di Orel è *Gregor Mendel: The First Geneticist*, pubblicato nel 1996 per la Oxford University Press.

Tra i pochi testi tradotti in italiano c'è *Il monaco nell'orto* della giornalista americana Robin Marantz Henig, il cui titolo originale è *A Monk and Two Peas*, pubblicato nel 2000. Qui viene dato ampio spazio ad aspetti che altrove vengono considerati marginali nelle vicende alle origini della genetica, in particolare al ruolo di Bateson come principale sponsor dell'elezione di Mendel a padre della nuova scienza e ai suoi rapporti con alleati e rivali (in particolare col paladino dei biometristi Raphael Weldon).

Un altro testo relativamente recente ed estremamente utile per le mie ricerche è stato *Gregor Mendel and the Roots of Genetics* del giornalista scientifico americano Edward Edelson, pubblicato nel 1999 per i tipi della Oxford University Press. Qui vengono descritti nel dettaglio i dubbi di sir Ronald Fisher sulla bontà dei dati raccolti dal monaco agostiniano nei suoi esperimenti e la diatriba che ne seguì.

Altri interessanti approfondimenti, in particolare sul disinteresse generale per gli studi di Mendel nelle ultime decadi del XIX secolo, si possono trovare in un articolo scientifico del 1968, firmato dallo svedese Åke Gustafsson dell'Università di Lund e intitolato *The Life of Gregor Johann Mendel – Tragic or Not?*

Spiegazioni molto chiare sulle metodologie applicate negli esperimenti sui piselli e sulle conseguenti leggi sono contenute in un articolo pubblicato da Erik Schwarzbach, Petr Smýkal, Ondřej Dostál, Michaela Jarkovská e Simona Valová intitolato *Gregor J. Mendel – Genetics Founding Father* del 2014, pubblicato sul *Czech Journal of Genetics and Plant Breeding*.

Un monumentale lavoro che tratta non solo della vita dello scienziato ma anche del contesto storico e sociale della Moravia della metà del XIX secolo, degli sviluppi delle scienze legate all'ereditarietà e dei più minimi dettagli riguardanti i luoghi e le persone legate in qualche modo a lui è *Solitude of a Humble Genius – Gregor Johann Mendel, Volume I*, a cura dell'americano Jan Klein e pubblicato nel 2013 per Springer. In attesa della pubblicazione del secondo volume, la prima parte di questa opera maestosa ricostruisce, tra le altre cose, l'intero albero genealogico di Mendel e della sua famiglia, risalendo indietro di ben otto generazioni. Il complesso diagramma circolare, con centinaia di nomi riportati, è stato stampato in grandi dimensioni ed esposto nel Mendel Museum di Brno.

Ho trovato alcuni utili dettagli sulla società morava dei tempi di Mendel e sulle sue ricerche collaterali, come meteorologia o apicultura, in un brevissimo ma esauriente fascicolo di poche pagine, edito dal Mendel Museum e intitolato *On His Anniversary – Gregor Johann Mendel (1822-1884)*. Utilissimo si è rivelato anche il fascicolo *Gregor Johann Mendel – A Legend of Brno, The City of Science and Research*, creato per i partecipanti al progetto *To Know and to Share* nel 2012 e realizzato da Ondřej Dostál.

Un buon approfondimento sulla storia delle ibridazioni, sulle primissime origini della genetica e sul ruolo di Mendel si può trovare nell'articolo *The Mendelian and Non-Mendelian Origins of Genetics* firmato da Sander Gliboff, professore di storia e filosofia della scienza all'Università dell'Indiana.

Interessanti approfondimenti sulla "teoria provvisoria" della pangenesi di Darwin, sull'eredità mescolata e sulle reali possibilità che il padre dell'evoluzionismo sia venuto a contatto con i lavori dell'abate sono contenuti nel bel testo dell'astrofisico americano Mario Livio *Brilliant Blunders – Colossal Mistakes by Great Scientists That Changed Our Understanding of Life and the Universe.*

Un testo fondamentale per conoscere nel dettaglio gli studi che hanno segnato la nascita della sintesi moderna e della genetica è *Evolu-*

zione – Modelli e processi, a cura di Marco Ferraguti e Carla Castellacci. Anche il breve saggio *Evoluzionismo*, firmato da Giuseppe Gaudenzi, si è rivelato prezioso in tal senso.

Biology – Investigating Life on Earth di Vernon L. Avila è quello che mi ha fornito le spiegazioni più chiare e dettagliate sugli esperimenti di ibridazione portati avanti da Mendel, eccezion fatta, ovviamente, per il suo saggio originale.

Queste, sostanzialmente, sono le opere bibliografiche che mi hanno maggiormente aiutato a ricostruire la vita di Mendel e le origini della genetica come scienza a sé. Per il resto, nelle mie ricerche ho trovato tanti, tantissimi testi che però erano fin troppo semplificati, imprecisi o, banalmente, che riportavano informazioni scritte nei libri che ho già citato qui. Per questo motivo ho trovato particolarmente preziosa la collaborazione di giornalisti, scienziati, professori ed esperti che hanno risposto alle mie domande e mi hanno accompagnato nella visita ai luoghi di Mendel.

Tra questi, un aiuto considerevole mi è stato fornito dal biologo e scrittore inglese Simon Mawer, autore della splendida e dettagliatissima biografia *Gregor Mendel – Planting the Seeds of Genetics*, uscita in contemporanea con una mostra omonima organizzata dal Field Museum di Chicago in collaborazione col Mendel Museum di Brno e dall'associazione viennese *Vereinigung zur Förderung der Genomforschung* ("Associazione per la promozione della ricerca sul genoma").

Mawer è anche autore di un toccante romanzo, *Mendel's Dwarf*, tradotto in Italia col titolo *Il mondo di Benedict*, pubblicato da Bompiani e ormai reperibile solo nel mercato dell'usato. Il libro narra le vicende di un immaginario lontano parente di Mendel, affetto da un nanismo di tipo ereditario e al contempo dotato di una mente brillante. La sua intelligenza gli permette di portare avanti un'eccellente carriera come genetista, ma gli fa anche odiare il suo beffardo destino che lo ha reso deforme. E i motivi li conosce bene, dato che sono stati scoperti anche per merito delle ricerche del suo avo. Mawer ha risposto gentilmente ad alcune mie domande e mi ha fornito dettagli importanti sulle supposizioni secondo cui Darwin fosse venuto a conoscenza del lavoro del monaco agostiniano. Nondimeno mi ha offerto informazioni preziose sulla corrispondenza tra Mendel e Von Nägeli, argomento che ha indagato a fondo e che ha descritto con cura nel suo libro.

Un grande ringraziamento va anche ad Alessandro Volpone, docente di Storia della biologia evoluzionistica all'Università degli studi di Bari, che mi ha fornito interessanti dettagli sul contesto storico in cui Mendel condusse le sue ricerche e sulla scuola degli ibridisti, che sicuramente ebbe un ruolo fondamentale nel plasmare le sue ricerche. Nondimeno, Volpone è autore di un brillante saggio dedicato alla *Variazione degli animali e delle piante allo stato domestico* di Darwin, una mirabile disamina e interpretazione del testo di uno dei capolavori del padre dell'evoluzionismo. Volpone è anche curatore dell'edizione italiana del testo e il suo saggio è incluso all'inizio del volume stesso, come introduzione. Un grande ringraziamento va inoltre a Francesco Paolo de Ceglia, anche lui in forza all'Università di Bari, per averci messo in contatto.

Sempre sul tema ibridisti, ringrazio ancora il professor Volpone per avermi segnalato l'esauriente saggio sull'eredità firmato da Bernardino Fantini e incluso nel secondo volume della collana *Storia della scienza moderna e contemporanea* edito da UTET.

Un grande ringraziamento va anche alla dottoressa Janka Závodská del Mendel Museum, che mi ha guidato durante la mia visita all'abbazia di Brno, mi ha fatto scoprire la biblioteca "segreta" dei monaci agostiniani e mi ha permesso di sedermi sulla stessa sedia che fu del padre della genetica. Allo stesso modo ringrazio Lucie Vychodilová e il direttore dell'istituzione, il professor Ondřej Dostál, per aver organizzato nel dettaglio la mia visita ai luoghi di Mendel in Moravia e per aver risposto alle mie non poche domande.

Grazie a Jiří Pokorný e al professor Ladislav Havel del dipartimento di Genetica dell'Università di Brno per il loro aiuto e per le informazioni "di prima mano" che mi hanno fornito.

Un grande grazie va anche agli amici e colleghi Chiara Segré e Stefano Bertacchi per la loro rilettura critica di alcuni dei passaggi più tecnici del primo manoscritto: la prima è una comunicatrice scientifica in forza alla Fondazione Umberto Veronesi e autrice del bellissimo *Foto 51 – il segreto del DNA*, in cui celebra la figura di Rosalind Franklin, raccontando la storia, in forma romanzata, della sfortunata ricercatrice britannica; il secondo invece è un biotecnologo e ricercatore, mio "compagno di squadra" per i *Microscopi* Hoepli e autore di uno dei testi più chiari che si possano trovare in giro su questi argomenti, *Geneticamente modificati – Viaggio nel mondo delle biotecnologie*.

Alcuni ulteriori approfondimenti si possono trovare online, sul sito del Mendel Museum, http://mendelmuseum.muni.cz, e su quello del Mendelianum, www.mzm.cz/mendelianum. Da non perdere è inoltre il sito www.mendelweb.org, realizzato dall'appassionato Roger B. Blumberg e contenente alcuni testi originali molto interessanti. Il tutto è presentato in una fantastica grafica interamente HTML, a testimoniare che è un prodotto rimasto invariato da almeno una quindicina di anni, tempi decisamente biblici per il Web ma che non sminuiscono la validità dei suoi contenuti.

E infine la dedica più importante va a Barbara, Matteo e Francesco: questo testo lo dedico a loro per aver dovuto sopportare un marito e un papà più assente del solito, preso com'era dalle vicende di un monaco vissuto quasi due secoli orsono. Speriamo davvero che ne sia valsa la pena.

Nella collana **MiCROSCOPi**

1 Colangelo G., Temporelli M., *La banda di via Panisperna* (2013)
2 Menasce D., *Diavolo di una particella* (2013)
3 Cavazzini M., *Nanouniverso. Megafuturo* (2013)
4 Walliser T., Botta C., *Bit Pop Revolution* (2013)
5 Aliverti P., *Stampa 3D Stazione futuro* (2014)
6 Grandi P., *Pixar Story* (2014)
7 Alfieri R., *L'invasione dei Droni* (2015)
8 Walliser T., Squassoni F., *War Games* (2015)
9 Valotti B., Dalle Donne G., *Marconi* (2015)
10 Fini R., *Gli economisti: indovini o scienziati?* (2015)
11 Vato A., *Arrivano i cyborg* (2015)
12 Canova L., *Pop Economy* (2015)
13 Segato E., *Tesla* (2015)
14 Temporelli M., *Innovatori* (2015)
15 Di Matteo G., *Dialogo tra una lavatrice e un tostapane* (2015)
16 Hénin S., *Il computer dimenticato* (2015)
17 Orban C., *La società della rete* (2015)
18 Palermo V., *La versione di Albert* (2015)
19 Orban D., *Singolarità* (2015)
20 Canepa C., Canova L., *La scienza dei goal* (2016)
21 Greison G., *Dove nasce la nuova fisica* (2016)
22 Lucifredi A., *A cosa pensava Darwin?* (2016)
23 Battifoglia E., *I robot sono tra noi* (2016)
24 Chinnici G., *Turing* (2016)
25 Fini R., *Lucciole per lanterne* (2016)
26 Palermo V., *Newton, la mela e Dio* (2016)
27 Corvi E., *Nuovo Cinema Web* (2016)
28 Peres A., Friel M., *FuTurismi* (2016)
29 Grassi W., *Storia del caldo e del freddo* (2017)
30 Lucifredi A., *Alla scoperta della vita* (2017)
31 Hénin S., *Non solo Enigma* (2017)
32 Panté M.R., *La scienza delle donne* (2017)

33 Viola F., Idone Cassone V., *Non è un gioco* (2017)
34 Battifoglia E., *Vita sintetica* (2017)
35 Rinaldi E., *Einstein & Associati* (2017)
36 Chinnici G., *Guarda caso* (2017)
37 Bertacchi S., *Geneticamente modificati* (2017)
38 Carniel S., *Oceani* (2017)
39 Ciardi M., *Marie Curie* (2017)
40 Pellegrini D., *Sharing Economy* (2017)
41 Temporelli M., Colorni F., Gamucci B., *4 punto 0* (2017)
42 Cerasa A., *Diversamente sano* (2018)
43 Chinnici G., *La stella danzante* (2018)
44 Battifoglia E., *Rita Levi Montalcini* (2018)
45 Menasce D., *L'urlo dell'Universo* (2018)
46 Grassi W., *Farfalle e uragani* (2018)
47 Palumbo V., *L'epopea delle lunatiche* (2018)
48 Lucifredi A., *L'eredità di Mendel* (2018)